高等学校计算机应用规划教材

Visual FoxPro 程序设计基础实验与习题(第二版)

宋耀文 主编
罗 晓 贾仁山 郭轶卓 副主编

清华大学出版社
北 京

内 容 简 介

本书根据教育部高教司关于非计算机专业计算机基础教育的指导性意见，并依据全国计算机等级考试二级(Visual FoxPro)考试大纲要求，结合目前我国高等院校计算机课程开设的实际情况，融合作者多年从事计算机教学的实际经验编写而成。

本书是与《Visual FoxPro 程序设计基础(第二版)》配套的习题与实验指导，强调理论与实践的结合，注重基本技能的训练和动手能力的培养，是一套比较完整的 Visual FoxPro 程序设计基础的实验体系，内容包括上机实验、实训、习题及参考答案、样卷及参考答案等内容。本书集实验、实训、习题、解答于一体，内容丰富，有很强的实用性，覆盖了 Visual FoxPro 程序设计教学的相关知识点。

本书封面贴有清华大学出版社防伪标签，无标签者不得销售。
版权所有，侵权必究。举报：010-62782989，beiqinquan@tup.tsinghua.edu.cn。

图书在版编目(CIP)数据

Visual FoxPro 程序设计基础实验与习题/宋耀文 主编. —2 版. —北京：清华大学出版社，2016
（2023.12重印）
(高等学校计算机应用规划教材)
ISBN 978-7-302-44063-5

Ⅰ.①V… Ⅱ.①宋… Ⅲ.①关系数据库系统—程序设计—高等学校—教学参考资料 Ⅳ.①TP311.138

中国版本图书馆 CIP 数据核字(2016)第 128018 号

责任编辑：胡辰浩　袁建华
装帧设计：孔祥峰
责任校对：成凤进
责任印制：沈　露

出版发行：清华大学出版社
网　　址：https://www.tup.com.cn，https://www.wqxuetang.com
地　　址：北京清华大学学研大厦 A 座　　邮　编：100084
社 总 机：010-83470000　　邮　购：010-62786544
投稿与读者服务：010-62776969，c-service@tup.tsinghua.edu.cn
质 量 反 馈：010-62772015，zhiliang@tup.tsinghua.edu.cn
课 件 下 载：https://www.tup.com.cn，010-62794504
印 装 者：三河市天利华印刷装订有限公司
经　　销：全国新华书店
开　　本：185mm×260mm　　印　张：11.75　　字　数：293 千字
版　　次：2014 年 12 月第 1 版　2016 年 6 月第 2 版　印　次：2023 年 12 月第 4 次印刷
定　　价：49.00 元

产品编号：068640-02

前　言

　　Visual FoxPro 是目前应用比较广泛的一种小型数据库管理系统编程开发语言工具，它将可视化、结构化、过程化和面向对象程序设计技术有机地结合为一体，极大地简化了应用程序的开发方法和开发过程。Visual FoxPro 版本很多，且还在不断推出新的版本。本书旨在以 Visual FoxPro 6.0 为背景，淡化版本意识，重点介绍数据库系统的基本概念、基本原理；讲解 Visual FoxPro 的基本操作方法及其功能和应用。本书根据教育部高教司关于非计算机专业计算机基础教育的指导性意见，并依据全国计算机等级考试二级(Visual FoxPro)考试大纲要求，结合目前我国高等院校计算机课程开设的实际情况，融合编者多年从事计算机教学的实际经验编写而成，内容涵盖了等级考试二级 Visual FoxPro 6.0 大纲要求的相关内容。

　　全书共分三大部分，由宋耀文担任主编。第一部分的实验与实训由罗晓编写；第二部分的习题与答案由宋耀文编写；第三部分的上机测试样卷与答案由贾仁山和郭轶卓编写。全书由宋耀文副教授统稿、审校。

　　本书是与《Visual FoxPro 程序设计基础(第二版)》配套的习题与实验指导，强调理论与实践的结合，注重基本技能的训练和动手能力的培养，是一套比较完整的 Visual FoxPro 程序设计基础的实验体系，内容包括上机实验、实训、习题及参考答案、样卷及参考答案等内容。本书集实验、实训、习题、解答于一体，内容丰富，有很强的实用性。

　　除封面署名的作者外，参加本书编写的人员还有邓博巍、王振航、付艳平、隋文轩、王文娟、化小强、刘洪利、何忠志、康龙、单玲、刘甦、王丽梅、袁博、李继梅、李青宇、李雪、李岩书、孙大伟、郑佳明、张成海、王铁男、杨延博、张立森、马冠宇等，在此深表感谢。

　　在本书编写过程中各位编者做了大量努力，但由于编者水平有限，疏漏与错误在所难免，敬请广大读者批评指正。我们的电话是 010-62796045，信箱是 huchenhao@263.net。

编　者
2016 年 6 月

目 录

第一部分 Visual FoxPro 实验与实训 …… 1
  第 1 章 Visual FoxPro 数据库系统 …… 1
    实验一 熟悉 Visual FoxPro 6.0 环境 …… 1
    实验二 Visual FoxPro 系统环境的设置 …… 3
  第 2 章 数据库与表的基本操作 …… 4
    实验一 数据库基本操作 …… 4
    实验二 表的建立与维护 …… 6
    实验三 表的基本操作 …… 8
    实验四 有效性规则 …… 10
    实验五 参照完整性 …… 10
    实训一 数据库与表的建立 …… 12
    实训二 数据库表的维护 …… 13
    实训三 数据库表的基本操作 …… 14
    实训四 数据工作期与多区操作 …… 15
  第 3 章 结构化程序设计 …… 16
    实验一 程序文件的建立与使用 …… 16
    实验二 结构化程序设计 …… 17
    实验三 模块化程序设计 …… 18
    实训一 常量、变量、表达式、函数练习 …… 20
    实训二 结构化程序设计 …… 21
  第 4 章 关系数据库标准语言 …… 22
    实验一 SQL 定义功能 …… 22
    实验二 SQL 操纵功能 …… 23
    实验三 SQL 查询功能 …… 24
    实训 关系数据库标准语言 …… 25
  第 5 章 表单设计与应用 …… 26
    实验一 表单的建立与使用 …… 26
    实验二 标签、文本框、命令按钮 …… 27
    实验三 命令按钮组 …… 28
    实验四 选项按钮组、复选框、表格控件 …… 29
    实验五 列表框、组合框 …… 31
    实验六 形状控件、线条控件、微调控件 …… 32
    实训 表单设计与应用 …… 33
  第 6 章 查询与视图 …… 39
    实验一 查询文件的建立 …… 39
    实验二 视图文件的建立 …… 40
    实训 查询与视图 …… 41
  第 7 章 报表设计 …… 41
    实验一 使用报表向导建立报表 …… 41
    实验二 使用一对多报表向导建立报表 …… 43
    实验三 快速报表 …… 44
    实训 报表设计 …… 45
  第 8 章 菜单设计 …… 46
    实验一 建立菜单 …… 46
    实验二 建立快捷菜单 …… 47
    实验三 为顶层表单添加菜单 …… 48
    实训 菜单设计 …… 49
  第 9 章 项目管理器 …… 49
    实验一 项目管理器的定制 …… 49
    实验二 项目管理器的使用 …… 50
    实训 项目管理器 …… 51

第二部分 Visual FoxPro 习题和答案 ····· 52

第 1 章 数据库系统基础 ············· 52
1.1 习题 ············ 52
1.2 答案 ············ 58

第 2 章 数据库与表的基本操作 ····· 58
2.1 习题 ············ 58
2.2 答案 ············ 66

第 3 章 结构化程序设计 ············· 67
3.1 习题 ············ 67
3.2 答案 ············ 96

第 4 章 关系数据库标准语言 ····· 102
4.1 习题 ············ 102
4.2 答案 ············ 105

第 5 章 表单设计与应用 ············· 105
5.1 习题 ············ 105
5.2 答案 ············ 136

第 6 章 查询与视图 ············· 137
6.1 习题 ············ 137
6.2 答案 ············ 141

第 7 章 报表 ············· 141
7.1 习题 ············ 141
7.2 答案 ············ 143

第 8 章 菜单设计 ············· 143
8.1 习题 ············ 143
8.2 答案 ············ 145

第 9 章 项目管理器 ············· 146
9.1 习题 ············ 146
9.2 答案 ············ 148

第三部分 Visual FoxPro 上机测试样卷 ············· 149

Visual FoxPro 上机测试样卷 A ······ 149

Visual FoxPro 上机测试样卷 B ······ 158

Visual FoxPro 上机测试样卷 C ······ 167

Visual FoxPro 上机测试样卷 A 答案 ············· 175

Visual FoxPro 上机测试样卷 B 答案 ············· 177

Visual FoxPro 上机测试样卷 C 答案 ············· 180

第一部分　Visual FoxPro 实验与实训

第 1 章　Visual FoxPro 数据库系统

实验一　熟悉 Visual FoxPro 6.0 环境

【实验目的】

1. 了解 Visual FoxPro 软件的安装过程，掌握 Visual FoxPro 的安装方法。
2. 掌握 Visual FoxPro 应用程序窗口的各组成部分，并能熟练使用。

【实验内容】

1. Visual FoxPro 的安装。
2. Visual FoxPro 的启动和退出。
3. 命令窗口的显示和隐藏。
4. 工具栏的显示和隐藏。
5. 输出区域的作用。

【实验步骤】

1. 安装系统前的准备

准备 Visual FoxPro 软件的安装光盘。

2. 执行 Visual FoxPro 的安装文件

在"资源管理器"中，找到 Visual FoxPro 安装文件所在的位置，双击安装文件。安装文件名通常为 SETUP.EXE。

3. 选择接受协议

在"安装向导-最终用户许可协议"对话框中，必须选中"接受协议"单选按钮，才能激活"下一步"按钮。

4. 输入产品的 ID 号

在"安装向导-产品号和用户 ID"对话框中输入产品的 ID 号、姓名和公司名称。

5. 确定安装位置

安装位置可以更改，若不更改，通常安装在 C:\Program Files 目录下。

6. 选择安装类型

选择"典型安装"或"自定义安装",单击相应按钮开始安装。

7. Visual FoxPro 的启动

- 单击"开始"菜单中"所有程序"下的 Microsoft Visual FoxPro 6.0 子菜单,选择 Microsoft Visual FoxPro 6.0 命令。
- 双击桌面上的 Microsoft Visual FoxPro 6.0 快捷方式图标。
- 在"资源管理器"中 Visual FoxPro 的安装位置找到 VFP6.EXE 文件并双击执行。

8. 命令窗口的显示

- 选择"窗口"菜单中的"命令窗口"命令。
- 单击"常用"工具栏中"命令窗口"按钮。

9. 命令窗口的隐藏

- 选择"窗口"菜单中的"隐藏"命令。
- 单击"常用"工具栏中的"命令窗口"按钮。
- 单击命令窗口的"关闭"按钮。
- 双击命令窗口的系统控制菜单图标。
- 单击系统控制菜单图标,选择"关闭"命令。

10. 工具栏的显示

选择"显示"菜单中的"工具栏"命令,在弹出的"工具栏"对话框中,选择要显示的工具栏,然后单击"确定"按钮。

11. 工具栏的隐藏

选择"显示"菜单中的"工具栏"命令,在弹出的"工具栏"对话框中,选择要隐藏的工具栏,单击"确定"按钮。

12. 输出区域的作用

在命令窗口中输入下列内容,观察输出区域。

```
?" 黑龙江哈尔滨 "
?12+23
Clear
```

13. Visual FoxPro 的退出

- 在命令窗口中,输入 QUIT,然后按 Enter 键。
- 单击 Visual FoxPro 应用程序窗口的"关闭"按钮。
- 单击 Visual FoxPro 系统控制菜单图标,选择"关闭"命令。
- 选择"文件"菜单中的"退出"命令。

【实验思考】

命令窗口的关闭和 Visual FoxPro 应用程序窗口的关闭操作类似之处。

【实验思考】

将安装盘放入光驱,可以自动执行安装文件。

实验二　Visual FoxPro 系统环境的设置

【实验目的】

掌握 Visual FoxPro 系统环境的设置。

【实验内容】

Visual FoxPro 系统环境的设置内容包括以下两项。

1. 修改默认目录。
2. 设置日期和时间的显示方式。

【实验步骤】

1. 打开环境设置对话框：单击"工具"菜单，选择"选项"命令。

2. 设置默认目录：选择"文件位置"选项卡(如图 1-1 所示)，选择"默认目录"选项，单击"修改"按钮；选择"使用默认目录"复选框(如图 1-2 所示)，单击"定位默认目录"旁的按钮；选择默认目录所在的驱动器和目录，单击"选定"按钮(如图 1-3 所示)；单击"确定"按钮；单击"设置为默认值"按钮，单击"确定"按钮。

3. 设置日期和时间的显示方式：选择"区域"选项卡(如图 1-4 所示)，对日期和时间的显示方式进行设置。

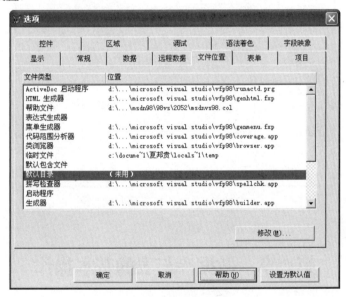

图 1-1　"选项"对话框

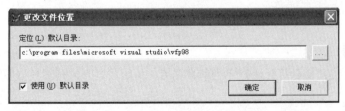

图 1-2　"更改文件位置"对话框

图 1-3 "选择目录"对话框

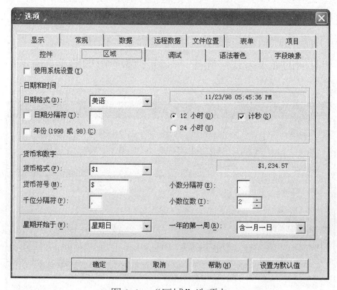

图 1-4 "区域"选项卡

第 2 章 数据库与表的基本操作

实验一 数据库基本操作

【实验目的】

掌握数据库的建立、打开，指定当前数据库、关闭数据库、删除数据库等操作。

【实验内容】

1. 数据库的建立。

2. 数据库的关闭。
3. 数据库的打开。
4. 指定当前数据库。
5. 数据库的删除。

【实验步骤】

1. 数据库的建立

(1) 选择"文件"菜单中的"新建"命令，在"新建"对话框中选中"数据库"单选按钮，单击"新建文件"按钮。在"创建"对话框中输入要建立的数据库名"教师管理数据库"，单击"保存"按钮。观察操作结果和"常用"工具栏中数据库列表内容的变化。

(2) 在命令窗口中，输入下列命令并观察结果。

```
CREATE DATABASE 教师管理数据库
MODIFY DATABASE
```

(3) 用前面的两种方法再分别建立数据库 stud 和 teach。

2. 指定当前数据库

(1) 在命令窗口中输入下列命令，观察"常用"工具栏中数据库列表内容的变化。

```
SET DATABASE TO stud
SET DATABASE TO teach
SET DATABASE TO 教师管理数据库
```

(2) 在"常用"工具栏的数据库列表中选择当前数据库。

(3) 单击要设置为当前数据库的数据库设计器。

3. 数据库的关闭

(1) 关闭当前数据库

在命令窗口中输入下列命令，观察"常用"工具栏中数据库列表内容的变化。

```
SET DATABASE TO stud
CLOSE DATABASE
SET DATABASE To teach
CLOSE DATABASE
SET DATABASE TO 教师管理数据库
SET DATABASE TO
```

(2) 关闭所有数据库

在命令窗口中输入下列命令，观察"常用"工具栏中数据库列表内容的变化。

```
CLOSE ALL
```

4. 数据库的打开

选择"文件"菜单中的"打开"命令，在"打开"对话框中的"文件类型"下拉列表框中选择"*.dbc"选项，选择要打开的数据库文件名"教师管理数据库"，单击"确定"按钮。

在命令窗口中输入下列命令，观察"常用"工具栏中数据库列表内容的变化。

```
OPEN DATABASE stud
MODIFY  DATABASE
MODIFY  DATABASE  teach
```

5. 数据库的删除

注意：
首先把要删除的数据库关闭。

删除 stud 数据库，命令如下：

```
DELETE  DATABASE stud
```

删除 teach 数据库，命令如下：

```
DELETE DATABASE teach
```

【实验思考】

总结、分析数据库的有关操作。

实验二　表的建立与维护

【实验目的】

掌握使用表设计器建立表的方法。

【实验内容】

1. 建立“学生表.DBF”，如图 2-1 所示。

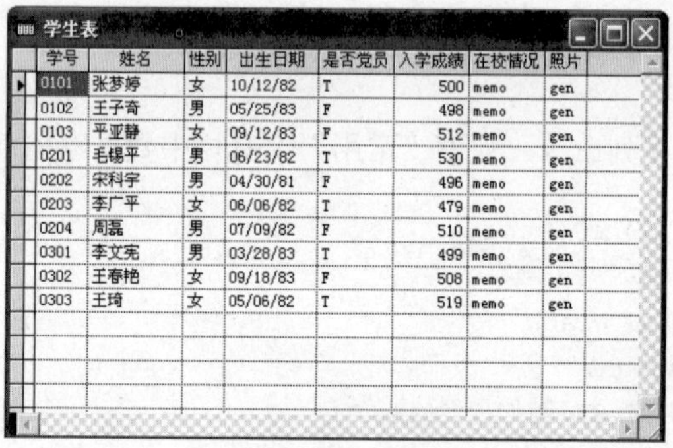

学生表

学号	姓名	性别	出生日期	是否党员	入学成绩	在校情况	照片
0101	张梦婷	女	10/12/82	T	500	memo	gen
0102	王子奇	男	05/25/83	F	498	memo	gen
0103	平亚静	女	09/12/83	F	512	memo	gen
0201	毛锡平	男	06/23/82	T	530	memo	gen
0202	宋科宇	男	04/30/81	F	496	memo	gen
0203	李广平	女	06/06/82	T	479	memo	gen
0204	周磊	男	07/09/82	F	510	memo	gen
0301	李文宪	男	03/28/83	T	499	memo	gen
0302	王春艳	女	09/18/83	F	508	memo	gen
0303	王琦	女	05/06/82	T	519	memo	gen

图 2-1　学生表

2. 建立“职工表.DBF”，如图 2-2 所示。

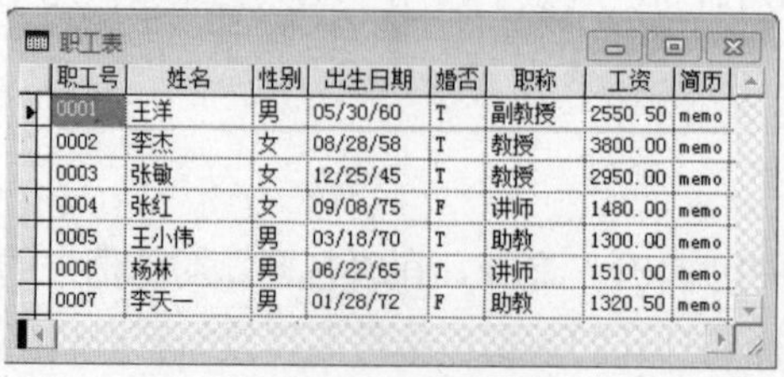

职工表

职工号	姓名	性别	出生日期	婚否	职称	工资	简历
0001	王洋	男	05/30/60	T	副教授	2550.50	memo
0002	李杰	女	08/28/58	T	教授	3800.00	memo
0003	张敏	女	12/25/45	T	教授	2950.00	memo
0004	张红	女	09/08/75	F	讲师	1480.00	memo
0005	王小伟	男	03/18/70	T	助教	1300.00	memo
0006	杨林	男	06/22/65	T	讲师	1510.00	memo
0007	李天一	男	01/28/72	F	助教	1320.50	memo

图 2-2　职工表

3. 建立“课程表.DBF”，如图 2-3 所示。

课程号	课程名	学时	学分
601	数据库	96	4
502	计算机基础	80	4
403	C语言	54	2
304	计算机英语	54	2

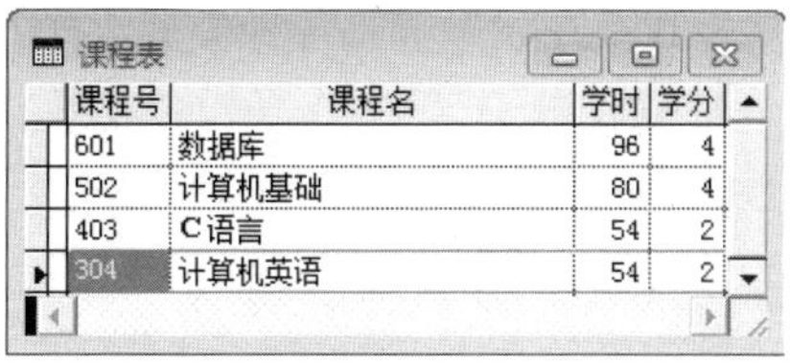

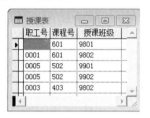

图 2-3　课程表

4. 建立“授课表.DBF”，如图 2-4 所示。

职工号	课程号	授课班级
	601	9801
0001	601	9802
0005	502	9901
0005	502	9902
0003	403	9802

图 2-4　授课表

【实验步骤】

1. 确定表的结构

学生表的表结构：学号(字符型/4)、姓名(字符型/8)、性别(字符型/2)、出生日期(日期型)、是否党员(逻辑型)、入学成绩(数值型/4.0)、在校情况(备注型)、照片(通用型)。

职工表的表结构：职工号(字符型/4)、姓名(字符型/8)、性别(字符型/2)、出生日期(日期型)、婚否(逻辑型)、职称(字符型/6)、工资(数值型/7.2)、简历(备注型)。

课程表的表结构：课程号(字符型/4)、课程名称(字符型/20)、学时(数值型/3.0)、学分(数值型/2.0)。

授课表的表结构：职工号(字符型/4)、课程号(字符型/4)、授课班级(字符型/8)。

2. 打开表设计器

选择“文件”菜单中的“新建”命令，打开“新建”对话框，选中“表”单选按钮，单击“新建文件”按钮。在“创建”对话框中输入表的名称，单击【保存】按钮，打开表设计器。

在命令窗口输入下列命令，打开表设计器：

```
CREATE  学生表
```

3. 在表设计器中确定各字段的属性

4. 关闭表的设计器

单击表设计器中的“确定”按钮，完成表结构的建立。

5. 输入表中的数据

在步骤 4 中，单击“确定”按钮后，在弹出的对话框中单击“是”按钮，并输入数据。

6. 按步骤 2~步骤 5 建立另外 3 个表文件

所建立的表文件留存，供后续实验使用。

【实验思考】

总结、分析数据表的建立步骤及在表中输入各种类型数据的方法。

实验三　表的基本操作

【实验目的】

掌握数据的录入操作、删除记录的操作、指针定位的操作。

【实验内容】

1. 打开表。
2. 录入表数据。
3. 删除记录。
4. 恢复记录。
5. 指针定位。

【实验步骤】

1. 打开表

按下列方法打开学生表：

- 选择"文件"菜单中的"打开"命令，在"打开"对话框的"文件类型"下拉列表框中选择"表(*.dbf)"，选择"学生表"，单击"确定"按钮。
- 选择"窗口"菜单中的"数据工作期"命令，在"数据工作期"对话框中单击"打开"按钮，在"打开"对话框中选择"学生表"，单击"确定"按钮。
- 在命令窗口中输入下列命令：

```
USE 学生表
```

2. 录入表数据

(1) 进入表浏览状态

- 选择"显示"菜单中的"浏览学生表"命令，进入表的浏览状态。
- 在"数据工作期"对话框中选择"学生表"，单击"浏览"按钮，进入表的浏览状态。
- 在命令窗口中输入下列命令：

```
BROWSE
```

(2) 追加数据

选择"显示"菜单中的"追加方式"命令，即可录入数据。

3. 删除记录

- 在浏览状态下，单击要删除记录的删除标记栏，单击后有黑色标记，表示逻辑删除。
- 选择"表"菜单中的"删除记录"命令，确定删除记录的范围为 ALL，删除记录的 FOR 条件为"性别="女""，单击"删除"按钮。

- 在命令窗口中输入下列命令：

```
DELETE FOR 性别="女"
```

在浏览状态下，观察操作结果。

4. 恢复记录
- 在浏览状态下，单击要恢复记录的删除标记栏，单击后无黑色标记，表示去掉删除标记，即恢复记录。
- 选择"表"菜单中的"恢复记录"命令，确定恢复记录的范围为 ALL，恢复记录的 FOR 条件为"性别="女""，单击"恢复记录"按钮。
- 在命令窗口中输入下列命令：

```
RECALL FOR 性别="女"
```

在浏览状态下，观察操作结果。

5. 指针定位

在表浏览状态下，单击表中的记录，观察记录指针的位置，并在命令窗口中输入下列命令，在输出区域观察结果。

```
?RECNO()
```

在命令窗口中输入下列命令，观察命令结果。

```
GO 5
?RECNO()
DISPLAY
SKIP
?RECNO()
DISPLAY
SKIP
?RECNO()
DISPLAY
SKIP -3
?RECNO()
DISPLAY
SKIP 2
?RECNO()
DISPLAY
LOCATE FOR 入学成绩>500
? RECNO()
DISPLAY
CONTINUE
?RECNO()
DISPLAY
CONTINUE
?RECNO()
DISPLAY
```

【实验思考】

1. 试比较 LIST 与 DISPLAY 命令的异同。

2. EDIT、CHANGE、BROWSE 和 REPLACE 命令，各有什么特点？如何选用？BROWSE 命令较其他命令有何独到之处？

3. 删除记录命令 DELETE、ZAP 和 PACK 有什么区别？

4. LOCATE、FIND、SEEK 的查询方式有何不同？各有何优缺点？

5. 试列出数据库表文件索引与排序的异同点。

6. 对比、分析记录指针的几种定位方式。

实验四　有效性规则

【实验目的】

掌握域完整性的设置方法和作用。

【实验内容】

1. 设置学生表的入学成绩字段的有效性，规则为入学成绩必须大于 400，信息内容为"入学成绩必须高于 400"，默认值为 450。

2. 设置性别字段的有效性，规则为字段值是"男"或"女"，信息内容为"字段值只能是男或女"，默认值为"男"。

3. 设置出生日期字段的默认值为系统当前日期。

【实验步骤】

分别按以下步骤 1~步骤 3 设置入学成绩字段的有效性、性别字段的有效性和出生日期字段的有效性。

1. 打开表设计器
- 选择"显示"菜单中的"表设计器"命令。
- 在命令窗口中输入下列命令：

```
MODIFY STRUCTURE
```

2. 定位字段

在要设置有效性的字段行单击。

3. 设置有效性

设置字段的有效性规则。

【实验思考】

总结有效性规则、信息和默认值的作用及设置过程。

实验五　参照完整性

【实验目的】

掌握索引文件的建立方式，掌握关系的建立方法，掌握参照完整性的设置方法。

【实验内容】

1. 建立索引文件。

对职工表按职工号建立主索引；对课程表按课程号建立主索引；对授课表按职工号建立普通索引，按课程号建立普通索引。

2. 建立两个表间的关系。

建立职工表和授课表之间的关系，建立课程表和授课表之间的关系。

3. 设置参照完整性。

【实验步骤】

1. 创建课程管理数据库。

2. 将职工表、课程表、授课表添加到数据库中。如果表已经存在，可不作此步骤。如图 2-5 所示。

图 2-5　课程管理数据库

3. 建立索引文件。

- 在数据库设计器中，右击"职工表"，在弹出的快捷菜单中选择"修改"命令，打开表设计器，选择"索引"选项卡，输入索引名为"职工号"，选择索引类型为"主索引"，单击"确定"按钮。
- 按上述方法，建立其他 3 个表的相关索引。如图 2-6 所示。

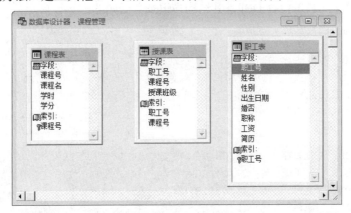

图 2-6　添加索引

4. 建立两个表间的关系。

- 建立职工表和授课表之间的关系，拖动职工表的职工号索引到授课表的职工号索引上。

- 按上述方法，用课程号建立课程表和授课表之间的关系。如图2-7所示。

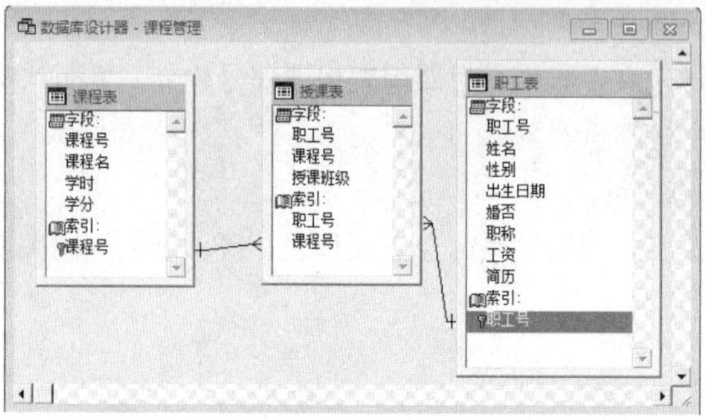

图2-7　创建永久性关系

5. 清理数据库。

打开数据工作期窗口，将课程管理数据库中的表都关闭。选择"数据库"菜单中的"清理数据库"命令。

6. 设置参照完整性。

右击要设置参照完整性的关系连线，在弹出的快捷菜单中选择"编辑参照完整性"命令，在弹出的"参照完整性生成器"对话框中设置参照完整性。

【实验思考】

分析清理数据库不能正常进行的原因。

实训一　数据库与表的建立

【实训目的】

掌握在Visual FoxPro 6.0中创建表和数据库的有关操作。

【实训内容】

1. 建立自由表STUDENT.DBF，其结构与记录数据如下。

(1) 表结构如下。

学号（C/7）	姓名（C/8）	性别（C/2）	出生日期（D）
专业（C/8）	班级（C/4）	入党否（L）	操行分（N/6.2）
综合分（N/6.2）	备注（M）	照片（G）	

(2) 记录数据如下。

9400002	张梦婷	女	76/09/06	中文	94-2	.T.	100	0.0	省级三好学生
9400013	王子奇	男	75/04/20	中文	94-1	.F.	90	0.0	
9507032	毛锡平	男	76/03/18	数学	95-1	.F.	85	0.0	
9507012	宋科宇	男	77/04/05	数学	95-1	.F.	88	0.0	
9706007	平亚静	女	78/07/06	计算机	97-1	.T.	95	0.0	
9704086	李广平	女	78/09/10	英语	97-1	.F.	78	0.0	
9704009	王晓红	女	78/10/15	英语	97-1	.T.	98	0.0	校级三好学生
9704101	周磊	男	79/12/25	英语	97-3	.F.	72	0.0	

```
9806019  李文宪  男  79/02/06  计算机  98-2  .F.  92  0.0
9904008  王琦    女  80/08/10  英语    99-1  .T.  96  0.0  校级优秀运动员
```

(3) 具体要求(写出相应的操作步骤)如下。
① 在建立 STUDENT.DBF 的文件结构后，立即输入上述前 4 条记录内容；
② 用 APPEND 命令添加后 3 条记录内容；
③ 用 INSERT 命令插入中间 3 条记录内容；
④ 用 BROWSE 命令，给其中三个学生填上照片；
⑤ 显示 STUDENT.DBF 的结构信息；
⑥ 显示 STUDENT.DBF 的全部记录内容。

2. 建立自由表 CJ.DBF，其结构与记录数据如下。

(1) 表结构如下。

学号(C/7)、语文(N/5.1)、数学(N/5.1)、外语(N/5.1)、平均分(N/6.2)、总分(N/6.1)

(2) 记录数据如下。

```
9400002  98  90  93  0.00  0.0
9507032  86  96  68  0.00  0.0
9706007  78  80  63  0.00  0.0
9806019  58  70  83  0.00  0.0
9704086  89  91  87  0.00  0.0
```

(3) 求出平均分与总分。

3. 创建成绩管理数据库。

(1) 创建成绩管理数据库；
(2) 将上面的表 STUDENT.DBF 和 CJ.DBF 添加到数据库中；
(3) 为两张表创建永久性关系；
(4) 关闭数据库。

实训二 数据库表的维护

【实训目的】

掌握 Visual FoxPro 6.0 对数据表的基本维护操作。

【实训内容】

1. 对 STUDENT.DBF 进行如下要求的操作。
(1) 将 STUDENT.DBF 复制一份完整的备份文件 STT.DBF；
(2) 用 CHANGE 命令把各记录的综合分填上(内容自定)；
(3) 用 EDIT 命令把数学系两个学生的操行分分别改为 89 和 91；
(4) 用 BROWSE 命令把所有男同学的操行分都减少 10 分；
(5) 用 REPLACE 命令把所有记录的操行分都增加 10%；
(6) 把 STUDENT.DBF 中所有男同学记录都打上删除标记；

(7) 除姓"毛"的以外，撤销 STUDENT 中所有的删除标记；

(8) 在 STUDENT.DBF 中抹去姓"毛"的记录；

(9) 在 STUDENT.DBF 的基础上建立新的表文件 ST1.DBF，ST1.DBF 包括学号、姓名、专业、班级、综合分等五个字段的内容，然后把 ST1.DBF 中所有记录内容全部抹掉；

(10) 把 STUDENT.DBF 中所有男同学记录组成表文件 ST2.DBF；

(11) 把 STUDENT.DBF 中所有女党员组成表文件 ST3.DBF；

(12) 把 ST3.DBF 的记录内容添加到 ST2.DBF 的末尾，并显示 ST2.DBF 的记录内容。

2. 在 STUDENT.DBF 中，把符合下列要求的记录内容依次显示出来。

(1) 头 3 条记录；

(2) 第 5 条记录；

(3) 男同学的全部记录；

(4) 女同学的姓名、专业、班级与备注信息；

(5) 全部姓"王"的记录；

(6) 在姓名中有"平"字的全部记录；

(7) 所有非党员男同学的记录；

(8) 1978 年以后出生的有关记录；

(9) 操行分在 90 分以上男同学的记录；

(10) 英语系 99-1 班女同学的记录。

实训三　数据库表的基本操作

【实训目的】

掌握 Visual FoxPro 6.0 对数据表的基本操作。

【实训内容】

1. 按下列要求将 STUDENT.DBF 中的数据重新组织后分别输出。

(1) 以操行分降序排列；

(2) 以出生日期升序排列；

(3) 按性别、相同性别，再按操行分降序排列；

(4) 将男同学按出生日期降序排列；

(5) 将英语系女同学按操行分升序排列。

2. 通过建立索引文件，对 STUDENT.DBF 进行下列要求的操作。

(1) 分别按操行分的升、降序建立单索引文件；

(2) 按出生日期的降序建立独立复合索引；

(3) 按性别、相同性别，再按操行分建立结构化复合索引；

(4) 将以上所建单、复索引进行相互转换；

(5) 在 STUDENT.DBF 中添加一条新记录(内容自定)，并对添加新记录后的 STUDENT.DBF 就上述索引文件进行索引更新；

(6) 对上述索引文件，分别以其中的一个为主索引。

3. 在 STUDENT.DBF 中进行下列要求的查询。

(1) 用 LOCATE 命令查询"周磊"的有关数据；

(2) 用 LOCATE、CONTINUE 命令查询操行分小于 90 的有关记录内容；

(3) 分别用 FIND 命令与 SEEK 命令查询"平亚静"同学的记录内容；

(4) 索引查询操行分为 98 与 96 学生的记录内容；

(5) 索引查询出生日期为 1979 年 2 月 6 日同学的记录内容。

4. 在 STUDENT.DBF 中分别作下列统计。

(1) 男、女生的操行分之和；

(2) 女生操行分的平均值；

(3) 女党员的人数；

(4) 英语系学生的人数；

(5) 计算机系学生操行分的平均值。

5. 将 STUDENT.DBF 中的操行分按专业进行汇总，并显示各专业的汇总结果。

实训四 数据工作期与多区操作

【实训目的】

理解 Visual FoxPro 6.0 数据工作期与多区操作。

【实训内容】

1. 对前面的表文件 STUDENT.DBF 与 CJ.DBF 进行如下要求的操作。

(1) 列出各学生的学号、姓名、专业与各科成绩情况；

(2) 计算出 CJ.DBF 中的平均分与总分字段，并由平均分和操行分计算出综合分并填入综合分字段，其计算公式为：综合分=平均分*90%+操行分*10%；

(3) 试把表文件 STUDENT.DBF 与 CJ.DBF 连接生成 SC.DBF，其中包含学号、姓名、操行分、平均分、总分和综合分等数据内容；

(4) 用命令方式和数据工作期窗口方式实现表文件 STUDENT.DBF 与 CJ.DBF 按学号字段进行关联。

2. 已知数据库表文件 PP.DBF、QQ.DBF 如表 3-1 和表 3-2 所示。

表 3-1 PP.DBF

BH	SPDH	SL	DJ	SHOP
1	1－A	8	3000	秋林商场
2	1－B	3	2500	哈一百
3	1－C	5	4000	松雷商厦

表 3-2 QQ.DBF

BH	SPM	TOL
1	电冰箱	
2	彩电	
3	洗衣机	

要求如下。

(1) 列出各商场的商品代号(SPDH)、商场名(SHOP)与商品名(SPM)；

(2) 由单价(DJ)、数量(SL)计算出总金额(TOL)并填入 TOL 字段；

(3) 将表文件 PP.DBF 与 QQ.DBF 连接生成 PQ.DBF，在 PQ.DBF 中包含 BH(编号)、SHOP(商场名)和 SPM(商品名)等数据内容。

3. 对表文件职工表.DBF，授课表.DBF 和课程表.DBF 进行如下要求的操作。

(1) 列出"王小伟"老师的职工号、姓名、工资、承担课程名、任课班级等有关数据信息。

(2) 列出承担"C 语言"课程教师的职工号、姓名、任课班级等有关数据信息。

(3) 将表文件"授课表.DBF"与"课程表.DBF"连接生成 SKC.DBF，其中包含职工号、课程号、课程名、任课班级等数据内容。

4. 思考与讨论。

(1) 什么是工作区与当前工作区？各个工作区应如何识别？

(2) 什么是多区操作？多区操作中要注意什么问题？

第 3 章　结构化程序设计

实验一　程序文件的建立与使用

【实验目的】

掌握程序文件的建立过程。

【实验内容】

建立一个程序文件：已知半径 R，求圆的面积和周长，程序文件名为 P1.PRG。

【实验步骤】

1. 打开程序编辑窗口

- 选择"文件"菜单中的"新建"命令，在"新建"对话框中选中"程序"单选按钮，单击"新建文件"按钮。
- 在命令窗口中输入下列命令：

```
MODIFY COMMAND P1
```

2. 输入程序语句如下。

```
CLEAR
R=3
AR=3.14*R^2
L=pi()*2*R
?"圆的面积为", AR, "圆的周长为", L
RETURN
```

3. 保存
- 选择"文件"菜单中的"保存"命令,在"另存为"对话框中输入文件名 P1,单击"保存"按钮。
- 单击"常用"工具栏中的"保存"按钮。
- 按"Ctrl+S"组合键。

4. 运行
- 选择"程序"菜单中的"运行"命令,在"运行"对话框中选择 P1,单击"运行"按钮。
- 单击"常用"工具栏的"运行"按钮。
- 在命令窗口输入如下命令:

```
DO  P1
```

【实验思考】

编辑程序文件的环境有哪些?

实验二　结构化程序设计

【实验目的】

掌握顺序结构、选择结构和循环结构程序设计的语句、格式和功能。

【实验内容】

1. 建立程序文件 P2.PRG,显示学生表中的第 4 条记录。

```
CLEAR
USE 学生表.DBF
GO 4
DISPLAY
USE
RETURN
```

2. 建立程序文件 P3.PRG,从键盘接收两个数字,按从小到大输出。

```
clear
input "请输入一个数A" to a
input "请输入一个数B" to b
if a>b
?? a,b
else
??b,a
endif
return
```

3. 建立程序文件 P4.PRG,下面是计算 1+3+5+…+99 之和的程序。

```
S=0
```

```
FOR I=1 TO  99 step   2
S=S+I
ENDFOR
?"结果=", S
```

4. 建立程序文件 P5.PRG，利用循环语句，逐条显示学生表的记录。

```
clear
use 学生表.DBF
go 1
do while not eof()
disp
skip
wait timeout 1
enddo
use
return
```

5. 建立程序文件 P6.PRG，求 1，1，2，3，5，8，13…前 N 项之和。

```
CLEAR
INPUT "请输入你要计算到第多少项?" TO N
public A(n)
A(1)=1
A(2)=1
S=2
FOR I=3 TO N
 A(I)=A(I-1)+A(I-2)
 S=S+A(I)
ENDFOR
?S
```

【实验步骤】

根据实验一的实验步骤，依次完成实验内容 1~5。

【实验思考】

总结、分析程序语句格式的规则及语句的执行过程。

实验三　模块化程序设计

【实验目的】

掌握过程文件、子程序和自定义函数的定义形式、调用形式、参数传递。

【实验内容】

1. 建立程序文件 P7.PRG，利用过程求 S=(1+2+3…+N)/N!，在主程序中调用该过程。

```
clear
input "请输入N" TO N
store 1 to x,y
```

```
do qh with n,x
do jc with n,y
s=x/y
?s
PROCEDURE qh
parameters m,s
s=0
for i=1 to m
s=s+i
endfor
return
PROCEDURE jc
parameters q,p
p=1
for i=1 to q
p=p*i
endfor
return
```

2. 建立程序文件 P8.PRG，以及子程序文件 PROG1.PRG 和 PROG2.PRG，求 S=(1+2+3…+N)/N!。主程序 P8.PRG 的代码如下。

```
clear
input "请输入N" TO N
store 1 to x,y
do qh with n,x
do jc with n,y
s=x/y
?s
```

子程序 PROG1.PRG 的代码如下。

```
parameters q,p
p=1
for i=1 to q
p=p*i
endfor
return
```

子程序 PROG2.PRG 的代码如下。

```
parameters m,s
s=0
for i=1 to m
s=s+i
endfor
return
```

3. 建立程序文件 P9.PRG，利用函数求 S=(1+2+3…+N)/N!。

```
clear
input "请输入N" TO N
s=qh(n)/jc(n)
?s
function qh
 parameters m
s=0
for i=1 to m
s=s+i
endfor
return s
function jc
parameters q
p=1
for i=1 to q
p=p*i
endfor
return p
```

【实验步骤】

根据实验一的步骤，依次完成实验内容1~3。

【实验思考】

总结、分析参数的传递方法与过程以及子程序、过程和函数的定义、调用方法形式。

实训一　常量、变量、表达式、函数练习

【实训目的】

1. 掌握常量、变量的使用。
2. 掌握常用的函数及表达式。

【实训内容】

1. 判断下列数据哪些是变量？哪些是常量，以及是什么类型的常量？

(1) "386.45"　(2) OK　　　(3) 李明　　(4) .F.　　　(5) 586

(6) "姓名"　(7) [98/12/25]　(8) {^1995/06/02}

2. 写出下列表达式的值。

(1) ? 9**2-3*5+6>17　and　"Fox" $ "Foxpro6"

(2) ? "兆麟 "+' 公园 '-[冰灯节]

(3) ? "123"$"54321"　OR　[泰山]>[黄山]

(4) ? "牡丹" $ "中国牡丹江" OR　"美菱" $ "冰箱系列" AND "This is a book" $ "is" AND NOT "ABC"='abc'

(5) ? CTOD("^1996/10/30")−CTOD("^1996/10/01")

3. 写出下列函数的值，并指出其结果的数据类型。

(1) LEN("FoxPro2.6")

(2) INT(－1987.765)

(3) MOD(12*9，7)

(4) SUBSTR(Dtoc(DATE( ))，4，2)

(5) TYPE("98/02/07")

(6) LEFT("昆明世界博览会"，4)

(7) CTOD("^1991/09/10")

(8) CDOW(DATE())

(9) STR(789.456，8，2)

(10) DTOC(DATE()，1)

(11) ROUND(123.456，2)

(12) AT("is"，"This is an apple")

实训二 结构化程序设计

【实训目的】

掌握结构化程序设计的基本内容，学会使用程序语句的3个基本结构。

【实训内容】

通过编程实现以下任务内容。

1. 任打开一个表文件，将其记录内容平均分成3次显示完成。
2. 输入矩形的长与宽，计算该矩形的周长与面积。
3. 鸡兔同笼问题：给出总头数与总脚数，分别计算出鸡和兔的数目。
4. 输入一个正整数，判断奇偶。
5. 输入一字母，进行大小写转换。
6. 输入3个数，打印最大者。
7. 输入3个数，按由小到大顺序输出。
8. 输入一个字符，判断其类别。
9. 求N!。
10. 求0~1000以内不是3或7的倍数和，且和值不超过10000。
11. 输入一个正整数，判断其是否为素数。
12. 求水仙花数。
13. 任给一串汉字，将其逆序输出。
14. 任输10个数，找出其中最大与最小者。
15. 显示"学生表.DBF"中入学成绩最高与最低者。
16. 任输入两个正整数，求其最大公约数与其最小公倍数。
17. 百钱买百鸡。

18. (AB)*(BC)=832，求 A,B,C?
19. 打印九九乘法表。
20. 打印平行四边形、三角形(正三角形、倒三角形)、菱形、纺锤形。
21. 求 S=1!+3!+……+9!。
22. 输出 100 以内的素数，每行 5 个。
23. 输出 Fibonacci 数列前 40 项，每行 5 个。
24. 任输 10 个数，进行排序(要求使用数组)。
25. 对"职工表.DBF"中的所有教师按职称进行工资调整：教授工资增加 50%；副教授工资增加 30%；讲师工资增加 20%；助教工资增加 100。
26. 验证哥德巴赫猜想:任何一个大于等于 6 的偶数均可分解为两个素数之和,如：18=5+13 或 18=7+11。

第 4 章 关系数据库标准语言

实验一 SQL 定义功能

【实验目的】
掌握 CREATE TABLE、ALTER TABLE 的用法。

【实验内容】
1. 使用 CREATE TABLE 建立表。
2. 使用 ALTER TABLE 修改表。
3. 将 SQL 命令保存在 SQL1.TXT 中。

【实验步骤】
1. 建立数据库 ST 并打开数据库设计器。

```
CREATE DATABASE ST
MODIFY DATABASE
```

(1) 创建"学生表.DBF"
① 表结构如下。

```
学号( C/4)、姓名(c/8)、性别(C/2)、出生日期(D)、入学日期(D)、入学成绩(N/4.0)、是否党员( L)、在校情况(M)、照片(G)
```

② 创建命令如下。

```
create table 学生表(学号 C(4),姓名 C(8),性别 C(2),出生日期 D,日学时间 D ,入学成绩 N(7.2),是否党员 L,在校情况 M ,照片 G)
```

(2) 创建"课程名.DBF"

① 表结构如下。

课程号（C/2）、课程名称(C/12)、学期(C/1)、学分(N/2.0)、教师编号（C/4))

② 创建命令如下。

create table 课程表(课程号 C(2),课程名 C(12),学期 C(1),学分 N(2.0),教师编号 C(4))

(3) 创建"成绩表.DBF"

① 表结构如下。

学号（C/4）、课程号(C/2))

② 创建命令如下。

create table 成绩表(学号 C(4),课程号 C(2))

2. 有关操作

(1) 将 STUD 表中"是否党员"字段名改为"党员"。

ALTER TABLE 学生表 RENAME COLUMN 是否党员 TO 党员

(2) 删除 STUD 表中的"出生日期"字段。

ALTER TABLE 学生表 DROP 出生日期

(3) 在成绩表中，增加一个"成绩(N/3)"字段。

ALTER TABLE 成绩表 ADD 成绩 N(3)

(4) 设置成绩表.DBF 中"成绩"字段的有效性规则，成绩在 0~100 之间，信息为"成绩必须在 0~100 之间"，默认值为 60。

ALTER TABLE 成绩表 ALTER 成绩 SET DEFAULT 60;
SET CHECK 成绩>=0 AND 成绩<=100 ERROR "成绩必须在 0~100 之间"

(5) 删除"成绩表.DBF"中"成绩"字段的有效性。

ALTER TABLE SCJ ALTER 成绩 DROP CHECK

【实验思考】

分析、总结 SQL 语言的定义功能。

实验二　SQL 操纵功能

【实验目的】

掌握 INSERT、UPDATE、DELETE 的用法。

【实验内容】

1. 插入记录。
2. 修改记录。
3. 删除记录。

【实验步骤】

1. 用"INSERT INTO 表名[(字段名表)]VALUES(字段值表)"命令分别给实验一创建的 3 张表插入记录及字段值。

相关命令如下。

```
Insert into 学生表(学号,姓名,性别,入学成绩)  Values ('0101',"王佳美",'女',500)
Insert into 课程名(课程号,课程名,教师编号)  Values('01',"计算机基础",'0001')
Insert into 成绩表(学号,课程号,成绩)  Values('0101','01',89)
```

2. 用"DELETE FROM 表名 WHERE 条件"命令删除学生表中入学成绩低于 500 的记录。相关命令如下。

```
delete from 学生表 where 入学成绩<500
```

3. 用"UPDATE 表名 SET 字段名=表达式 WHERE 条件"命令将成绩表中小于 60 分的增加 10 分。

相关命令如下。

```
Update 成绩表 Set 成绩=成绩+10  Where 成绩<60
```

【实验思考】

分析、总结插入功能的格式与要求，以及删除功能不给出条件时删除记录的范围。

实验三　SQL 查询功能

【实验目的】

掌握 SQL-SELECT 命令中各短语的用法，掌握嵌套查询、连接查询的用法。

【实验内容】

本部分查询用到实验一建立的 3 个表：学生表、成绩表、课程表。

1. 查询学生表中男生的学号、姓名和入学成绩信息。
2. 查询学生表中入学成绩在 500~600 分之间的学生信息，并将查询结果按入学成绩降序，性别升序排序。
3. 查询学生表中男女生的人数、平均入学成绩，查询信息包括性别、人数、平均入学成绩。
4. 统计课程表中教师的人数。
5. 查询学生表中入学成绩最高的记录信息。
6. 查询学生的学号、姓名、课程号、课程名和成绩信息，查询结果保存到临时表 CJ 中。
7. 查询选修了所有课程的学生信息。

8. 查询入学成绩低于平均入学成绩的学生信息。

9. 查询未选课学生的学号和姓名。

【实验步骤】

在命令窗口中输入实验内容 1~实验内容 9 的 SELECT 命令。

```
SELECT 学号,姓名,入学成绩 FROM 学生表 WHERE 性别="男"
SELECT * FROM 学生表 WHERE 入学成绩 between 500 and 600;
ORDER BY 入学成绩 DESC,性别
SELECT 性别,COUNT(学号)人数,AVG(入学成绩)平均成绩;
FROM 学生表 GROUP BY 性别
SELECT count(distince 职工号)FROM 授课表
SELECT top 1 * from 学生表 Order by 入学成绩 desc
Select 学号,姓名,课程号,课程名,成绩 into cursor Cj from 学生表,课程表,成绩表
Where 学生表.学号=成绩表.学号 and 课程表.课程号=成绩表.课程号
SELECT * FROM 学生表 where 学号 IN(select 学号 from cj group by 学号 having
count(*)=(select count(*) from 课程表))
SELECT * FROM 学生表 WHERE 入学成绩<(SELECT AVG(入学成绩) FROM 学生表)
SELECT 学号,姓名 FROM 学生表 WHERE 学号 NOT IN;
(SELECT DISTINCT 学号 FROM 成绩表)
```

将正确的 SELECT 命令复制到文本文件 SQL3.TXT 中并保存。

【实验思考】

分析、总结嵌套查询中"="和"IN"的用法及嵌套查询和连接查询的用法。

实训 关系数据库标准语言

【实训目的】

掌握关系数据库标准语言,学会使用 SQL 语句创建库表,并能够查询到相应数据。

【实训内容】

1. 查询学生表的全部信息。

2. 查询入学成绩最高的女同学的记录。

3. 查询所有同学的平均成绩、总成绩。

4. 查询选修了计算机基础的同学的姓名。

5. 查询所有同学的姓名和本学期选修的学分内容。

6. 查找 1983 年出生的同学的姓名、性别。

7. 查找选修了 0006 号教师所教全部课程的同学姓名。

8. 查询数据结构成绩高于系统结构成绩的同学姓名。

第5章 表单设计与应用

实验一 表单的建立与使用

【实验目的】

掌握表单设计器各组成部分的用法,掌握表单的建立过程。

【实验内容】

根据图 5-1(a)完成表单设计,表单文件名为 FORM1.SCX。要求单击"计算机基础"按钮时,将"计算机基础"按钮标题作为输入内容给标签的标题文本;单击"vf程序设计"按钮时,将"vf 程序设计"按钮标题作为输入内容给标签的标题文本。图 5-1(b)给出了运行效果图。

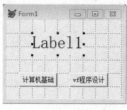 

(a) 设计图　　　　　　　(b) 运行效果图

图 5-1 表单建立过程

【实验步骤】

1. 建立表单文件并打开表单设计器

选择"文件"菜单中的"新建"命令,在弹出的"新建"对话框中,选中"表单"单选按钮,单击"新建文件"按钮。

在命令窗口中输入下列命令。

```
CREATE FORM FORM1
```

2. 添加控件到表单中

在"表单控件"工具栏中分别选择要添加的控件标签和命令按钮,在表单中单击或拖动。

3. 设置表单中对象的属性

在表单中单击要设置属性的对象,在属性窗口中选择相应属性并设置属性的值。

4. 编写相应对象的事件代码

双击"计算机基础"按钮,在代码窗口中确认对象列表为 Command1,过程列表为 Click,在代码区域输入如下代码。

```
Thisform.Label1.Caption=This.Caption
```

双击"vf 程序设计"按钮，在 Command2 的 Click 事件过程中输入如下代码。

```
Thisform.Label1.Caption=This.Caption
```

5. 保存并运行表单

可以使用以下几种方法运行表单。

- 选择"表单"菜单中的"执行表单"命令。
- 右击表单，在弹出的快捷菜单中选择"执行表单"命令。
- 在"常用"工具栏中单击"运行"按钮。
- 在命令窗口中输入命令 DO FORM FORM1。

【实验思考】

分析、总结表单设计器中各组成部分的用法和作用。

实验二 标签、文本框、命令按钮

【实验目的】

掌握标签、文本框、命令按钮的常用属性和主要事件。

【实验内容】

根据图 5-2(a)完成表单设计，表单文件名 FORM2.SCX。要求单击"确定"按钮时，将在 LABEL3 中显示登录是否成功；单击"退出"按钮时，退出表单。图 5-2(b)、(c)给出了运行效果图。

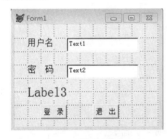

(a) 设计图　　　　　　(b) 运行效果图 1　　　　　(c) 运行效果图 2

图 5-2　标签、文本框、命令按钮

【实验步骤】

按照图 5-2 将表单控件添加到表单中，并分别设置属性。

```
Label autosize=.t.
Label  Fontsize=12
Label1.caption="用户名"
Label2.caption="密码"
Command1.caption="登录"
Command2.caption="密码"
Text2.passwordchar="*"
```

"登录"按钮的代码如下。

```
if thisform.text1.value="user" and thisform.text2.value="123"
thisform.label3.caption="登录成功"
else
thisform.label3.caption="登录失败,用户名密码错误"
endif
```

"退出"按钮的代码如下。

```
THISFORM.RELEASE
```

【实验思考】

分析、总结标签与文本框的用途。

实验三　命令按钮组

【实验目的】

掌握命令按钮组的主要属性及编程方法。

【实验内容】

根据图 5-3(a)完成表单设计,表单文件名为 FORM3.SCX。要求命令按钮组完成学生情况表中记录的显示操作和退出表单的操作。图 5-3(b)给出了运行效果图。

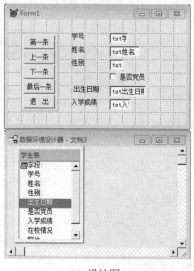
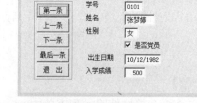

(a) 设计图　　　　　　　　　(b) 运行效果图

图 5-3　命令按钮组

【实验步骤】

1. 建立表单文件 FORM3,并打开表单设计器。
2. 添加数据环境。

右击表单,在弹出的快捷菜单中选择"数据环境"命令,添加学生表到数据环境中。

3. 添加控件到表单中。

拖动数据环境设计器中的字段到表单中，添加命令按钮组控件到表单中。

4. 设置表单中对象的属性。

在表单中设置命令按钮组的属性，右击命令按钮组，在弹出的快捷菜单中选择"生成器"命令，在生成器对话框中设置属性。

5. 编写相应对象的事件代码。CommandGroup1_Click 的代码如下。

```
Bn= Thisform.commandGroup1.Value
Do Case
  Case Bn=1
    Go top
    Thisform.Refresh
Case Bn=2
  Skip -1
   If Bof()
   Go Top
   Endif
  Thisform.Refresh
  Case Bn=3
      Skip
      If Eof()
        Go Bottom
      Endif
      Thisform.Refresh
  Case Bn=4
      Go Bottom
      Thisform.Refresh
  Case Bn=5
      Thisform.Release
Endcase
```

保存并运行表单。

【实验思考】

分析、总结数据环境设计器中的表字段添加到表单的方法与命令按钮组的编程方法。

实验四 选项按钮组、复选框、表格控件

【实验目的】

掌握复选框选项按钮组和表格控件的主要属性。掌握 InteractiveChange 事件的用法。

【实验内容】

根据图5-4(a)完成表单设计，表单文件名为 FORM4.SCX。单击选项组按钮时，表格控件显示相应表的数据，复选框用于设置表格中字符的字形。

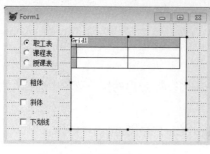
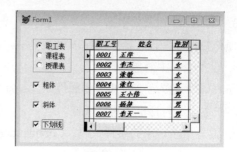

(a) 设计图　　　　　　　　(b) 运行效果图

图 5-4　复选框、选项按钮组和表格控件

【实验步骤】

按实验一的步骤完成表单设计。

Optiongroup1_InteractiveChange 的代码如下。

```
Bn=Thisform.Optiongroup1.Value
Do Case
Case Bn=1
  Na=Thisform.Optiongroup1.Option1.Caption
Case Bn=2
  Na=Thisform.Optiongroup1.Option2.Caption
Case Bn=3
  Na=Thisform.Optiongroup1.Option3.Caption
Case Bn=4
  Na=Thisform.Optiongroup1.Option4.Caption
Endcase
Thisform.Grid1.RecordSourceType=0
Thisform.Grid1.RecordSource="&Na"
```

Cheek1_InteractiveChange 的代码如下。

```
Thisform.Grid1.FontBold=Not Thisform.Grid1.FontBold
```

Cheek2_InteractiveChange 的代码如下。

```
Thisform.Grid1.FontBold=Not Thisform.Grid1.FontBold
```

Cheek3_InteractiveChange 的代码如下。

```
Thisform.Grid1.FontUnderLine=Not Thisform.Grid1.FontUnderLine
```

Spinner1_InteractiveChange 的代码如下。

```
Thisform.Grid1.FontSize=Thisform.spinner1.Value
```

【实验思考】

思考总结 InteractiveChange 事件和 Click 事件的用法。

实验五 列表框、组合框

【实验思考】

Click 事件和 InteractiveChange 事件的用法。

【实验目的】

掌握列表框的常用属性和常用方法。

【实验内容】

根据图 5-5(a)完成表单设计，表单文件名为 FORM5.SCX。单击"添加"按钮将文本框的内容添加到列表框中；单击"删除"按钮删除列表框中选中的内容；单击"从组合框添加"按钮，将组合框中选中的内容添加到列表框中。其中，组合框 RowSourceType 属性值为 1，RowSource 的属性值为"操作系统，数据库，计算机原理"。图 5-5(b)给出了运行效果图。

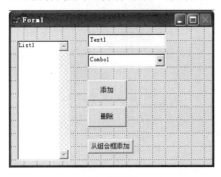
(a) 设计图

(b) 运行效果图

图 5-5 列表框

【实验步骤】

按实验一的步骤完成实验。

Form1_Init 的代码如下。

```
Thisform.List1.RowSourceType=0
Thisform.List1.AddItem("计算机基础")
Thisform.List1.AddItem("会计基础")
Thisform.List1.AddItem("英语")
```

Command1_Click 的代码如下。

```
Thisform.List1.AddItem(Thisform.Text1.Value)
```

Command2_Click 的代码如下。

```
Thisform.List1.RemoveItem(Thisform.List1.ListIndex)
```

Command3_Click 的代码如下。

```
Thisform.list1.AddIte.(Thisform.Combo1.Value)
```

【实验思考】

分析、总结列表框和组合框的共同点和不同点。

实验六 形状控件、线条控件、微调控件

【实验目的】

掌握形状控件、线条控件、微调控件的常用属性。

【实验内容】

根据图 5-6(a)建立表单文件 FORM6.SCX。图 5-6(b)给出了运行效果图。

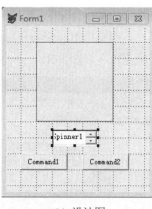 

(a) 设计图　　　　　　　　　(b) 运行效果图

图 5-6 容器控件、形状控件和线条控件

【实验步骤】

1. 在"新建"对话框中选中"表单"单选按钮，单击"新建文件"按钮，打开表单设计器。

2. 在表单中添加控件 shape1，设置 backcolor 的属性值为"0,0,255"。

3. 在表单中添加控件 spinner1，设置 spinnerhighvalue 的属性值为 99，设置 spinnerlowvalue 的属性值为 0。

4. 添加命令按钮，command1、command2 的 caption 属性如图 5-6(b)。

Spinner1 控件的 interactivechange 事件处理程序代码如下。

```
thisform.shape1.curvature=this.value
thisform.refresh
```

command11 控件的 Click 事件处理程序代码如下。

```
if this.caption="圆形"
thisform.shape1.curvature=99
thisform.spinner1.value=99
this.caption='正方形'
else
thisform.shape1.curvature=0
```

```
thisform.spinner1.value=0
this.caption='圆形'
endif
thisform.refresh
```

command12 控件的 Click 事件处理程序代码如下。

```
thisform.release
```

【实验思考】

分析、总结添加表单中显示字段时表的选取方法。

实训　表单设计与应用

【实训目的】

检查学生对表单设计的掌握情况。

【实训内容】

1. 编辑状态(如图 1-a)、运行状态(如图 1-b)。

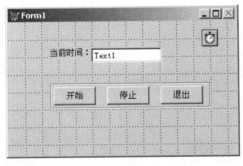

1-a　设计图　　　　　　　1-b　运行效果图

(1) 设置

① 设置表单名称为 Form1，标题为 Form1。

② 设置计时器控件的标题为 Timer1，将计时器控件的时间间隔设为 1 秒。

③ 设置标签控件的名称为 Label1，标题为 "当前时间："。

④ 设置文本框控件的名称为 Text1。

⑤ 设置命令按钮组的名称为 Commandgroup1，将命令按钮组的按钮个数设为 3 个。设置命令按钮组中的按钮 Command1 的标题为 "开始"，Command2 的标题为 "停止"，Command3 的标题为 "退出"。

(2) 要求

① 表单内控件如图(1-b)所示，文本框中显示当前系统时间。

② 单击 "开始" 按钮时间开始变化，单击 "停止" 按钮时间停止变化。

③ 单击 "退出" 按钮退出表单。

④ 表单整体效果美观，比例合适。

2. 编辑状态(如图2-a)、运行状态(如图2-b)。

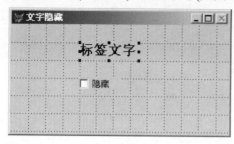
2-a　设计图

2-b　运行效果图

(1) 设置

① 设置表单名称为Form1，标题为"文字隐藏"。

② 设置标签控件的名称为Label1，标题为"标签文字"。

③ 设置复选框控件的名称为Check1，标题为"隐藏"。

(2) 要求

① 表单标题为"文字隐藏"，表单内控件如图2-a中所示。

② 标签标题为"标签文字"。

③ 选中"隐藏"复选框，隐藏"标签文字"，反之，"标签文字"可见。

④ 表单整体效果美观，比例合适。

3. 编辑状态(如图3-a)、运行状态(如图3-b)。

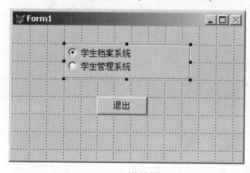
3-a　设计图

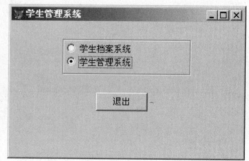
3-b　运行效果图

(1) 设置

① 设置表单名称为Form1，标题为"学生管理系统"。

② 设置命令按钮的名称为Command1，标题为"退出"。

③ 设置单选按钮组的名称为Optiongroup1，将单选按钮个数设为两个，其中Option1的标题为"学生档案系统"，Option2的标题为"学生管理系统"。

(2) 要求

① 单击"学生档案系统"单选按钮时，表单标题为"学生档案系统"。

② 单击"学生管理系统"单选按钮时，表单标题为"学生管理系统"。

③ 单击"退出"按钮关闭表单。

④ 表单整体效果美观，比例合适。

(3) 基本属性

① Form1.Height=182

② Form1.Left=62

③ Form1.Top=27

④ Form1.Width=325

4. 编辑状态(如图 4-a)、运行状态(如图 4-b)。

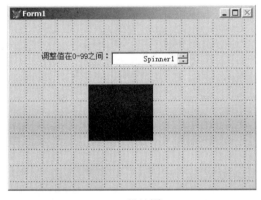 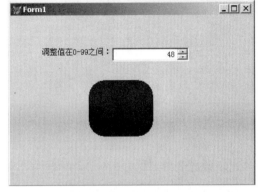

4-a　设计图　　　　　　　　　4-b　运行效果图

(1) 设置

① 设置表单名称为 Form1，标题为 Form1。

② 设置微调控件的名称为 Spinner1。

③ 设置标签控件的名称为 Label1，标题为"调整值在 0-99 之间："。

④ 设置形状控件的名称为 Shape1。

(2) 要求

① 表单内控件如图 4-a 中所示，在 0-99 之间调整微调框的值。

② 图形的曲率随调整值的变化而变。

③ 表单整体效果美观，比例合适。

5. 编辑状态(如图 5-a)、运行状态(如图 5-b)。

5-a　设计图　　　　　5-b　运行效果图

(1) 设置

① 设置表单名称为 Form1，标题为"显示密码"。

② 设置文本框名称为 Text1。

③ 设置复选框(Check1)的标题为"显示密码内容"。

(2) 要求

① 表单标题为"显示密码"。

② 表单内控件如图 5-a 中所示,其中文本框输入内容显示为*。

③ 选中"显示密码内容"复选框,不选时以*显示。

④ 表单整体效果美观,比例合适。

6. 编辑状态(如图 6-a)、运行状态(如图 6-b)。

6-a　设计图　　　　　　6-b　运行效果图

(1) 设置

① 设置表单名称为 Form1,标题为"文字"。

② 设置文本框名称为 Text1。

③ 设置复选框 Check1 的标题为"斜体",Check2 的标题为"粗体"。

④ 设置按钮 Command1 的标题为"清除"。

(2) 要求

① 表单标题为"文字",表单内控件如图 6-a 中所示。

② 选中"斜体"复选框时,文字变为斜体;选中"粗体"复选框时,文字为粗体。

③ 单击"清除"按钮时,清除文本框中的文字。

④ 表单整体效果美观,比例合适。

7. 编辑状态(如图 7-a)、运行状态(如图 7-b)。

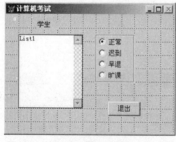 

7-a　设计图　　　　　　7-b　运行效果图

(1) 设置

① 设置表单名称为 Form1,标题为"计算机考试"。

② 设置标签(Label1)的标题为"学生"。

③ 设置列表框的名称为 List1。

④ 设置选项按钮组的名称为 Optiongroup1。其中,Option1~Option4的标题依次为"正常"、"迟到"、"早退"、"旷课"。

⑤ 设置命令按钮(Command1)的标题为"退出"。

(2) 要求

① 表单标题为"计算机考试"。

② 表单内所需控件如图 7-a 中所示,列表框中有 4 个可选择项:"王峰"、"李宏峰"、"刘洪"和"张凯"。

③ 选项组有 4 个单选按钮。

④ "退出"按钮要有关闭表单的功能。

⑤ 表单整体效果美观,比例合适。

8. 编辑状态(如图 8-a)、运行状态(如图 8-b)。

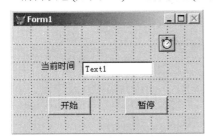

8-a 设计图

8-b 运行效果图

(1) 设置

① 设置表单名称为 Form1,标题为当前系统日期。

② 设置文本框的名称为 Text1。

③ 设置计时器的名称为 Timer1。

④ 设置标签(Label1)的标题为"当前时间"。

⑤ 设置命令按钮(Command1、Command2)的标题分别为"开始"、"暂停"。

(2) 要求

① 表单标题为当前系统日期。

② 表单内所需控件如图 8-a 中所示。

③ 单击"开始"按钮,则文本框中显示当前时间,单击"暂停"按钮则停止刷新当前时间。

④ 文本框内的当前时间 1 秒钟刷新一次。

⑤ 表单整体效果美观,比例合适。

9. 编辑状态(如图 9-a)、运行状态(如图 9-b)。

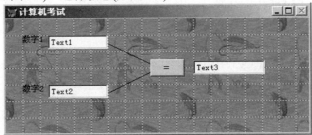

9-a 设计图

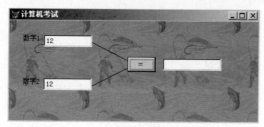

9-b 运行效果图

(1) 设置

① 设置表单名称为 Form1，标题为"计算机考试"。
② 设置 3 个文本框的名称分别为 Text1、Text2、Text3。
③ 设置两个线条的名称分别为 Line1、Line2。
④ 设置两个标签的标题分别为"数字 1"、"数字 2"。
⑤ 设置命令按钮(Command1)的标题为"="。

(2) 要求

① 表单标题为"计算机考试"。
② 表单的背景图片可任意选择。
③ 表单内所需控件如图 9-a 中所示，命令按钮的名称为"="。
④ 表单中有两条方向不同的斜线。
⑤ 表单整体效果美观，比例合适。

10. 编辑状态(如图 10-a)、运行状态(如图 10-b)。

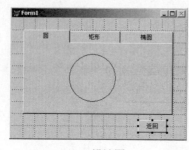 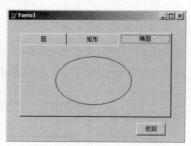

10-a 设计图　　　　　10-b 运行效果图

(1) 设置

① 设置表单名称为 Form1，标题为 Form1。
② 设置页框的名称为 Pageframe1，页数为 3。
　设置页框中的 Page1 的标题为"圆"。
　设置页框中的 Page2 的标题为"矩形"。
　设置页框中的 Page3 的标题为"椭圆"。
分别在 Page1、Page2、Page3 中加入一个形状控件，名称为 Shape1、Shape2、Shape3。
③ 设置命令按钮(Command1)的标题为"返回"。

(2) 要求

① 表单内所需控件如图 10-a 中所示，其中"页框"控件有 3 页。
② 页的名称分别为"圆"、"矩形"和"椭圆"。

③ 每页分别有一个图形："圆"、"矩形"和"椭圆"。
④ "返回"按钮具有关闭表单功能。
⑤ 表单整体效果美观,比例合适。

第6章 查询与视图

实验一 查询文件的建立

【实验目的】
掌握查询设计器建立查询的过程。

【实验内容】
根据学生表和学生成绩表建立查询文件 SELECT1.QPR,查询入学成绩低于 500 分的学生的学号、姓名和入学成绩,查询结果按平均成绩降序排序。

【实验步骤】
1. 建立查询,打开查询设计器。选择"文件"菜单中的"新建"命令,在弹出的"新建"对话框中选中"查询"单选按钮,单击"新建文件"按钮。
在命令窗口中输入下列命令。

```
CREATE QUERY SELECT1
```

2. 添加学生表和学生成绩表。
3. 在"字段"选项卡中选定字段"学生表.学号"、"学生表.姓名"和"AVG(学生成绩表.入学成绩)平均成绩"。
4. 在"筛选"选项卡中设置查询条件为"入学成绩<500"。
5. 在"排序依据"选项卡指定排序字段为"入学成绩",排序选项为降序。
6. 在"分组依据"选项卡设置分组字段为"学生表.学号"。
7. 保存并运行查询,如图 6-1 所示。

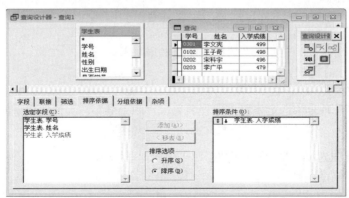

图 6-1 查询结果

【实验思考】

分析、总结各选项卡的作用。

实验二 视图文件的建立

【实验目的】

掌握视图的建立条件和建立方法。

【实验内容】

1. 打开数据库文件"课程管理.DBC"。
2. 根据职工表、课程表和授课表建立视图 Vl。V1 保存在数据库"课程管理"中。

【实验步骤】

1. 打开数据库文件"课程管理",并打开数据库设计器。
2. 建立视图,打开视图设计器。

选择"文件"菜单中的"新建"命令,在打开的"新建"对话框中选中"视图"单选按钮,单击"新建文件"按钮。

单击"常用"工具栏中的"新建"按钮, 在打开的"新建"对话框中选中"视图"单选按钮,单击"新建文件"按钮。

3. 将职工表和课程表添加到视图设计器中,如图 6-2 所示。

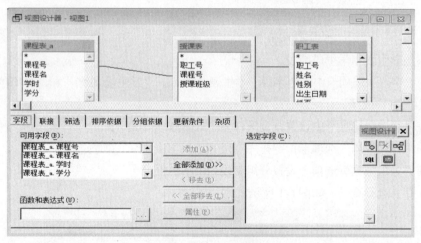

图 6-2 在视图中添加表

4. 设置视图各选项卡的内容

在"字段"选项卡中选定字段"课程名"、"职工号",其他选项卡的内容自定,如图 6-3 所示。

5. 保存该视图为 Vl。V1 保存在数据库"课程管理"中。

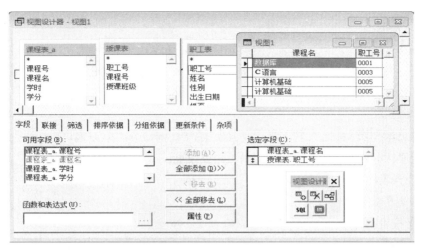

图 6-3 设置视图

【实验思考】

分析、总结视图在数据库中建立的过程、方法。

实训 查询与视图

【实训目的】

检查学生对查询与视图的掌握情况。

【实训内容】

1. 打开学生管理数据库(见第 2 章实训)。
2. 建立视图，打开视图设计器。
3. 创建学生平均成绩视图，要求显示姓名、平均成绩。
4. 创建成绩视图，要求显示学生姓名、课程名、成绩。

第 7 章 报表设计

实验一 使用报表向导建立报表

【实验目的】

掌握利用报表向导建立报表的方法。

【实验内容】

用报表向导基于职工表建立报表 FRX1.FRX。

【实验步骤】

1. 启动报表向导

选择"文件"菜单中的"新建"命令,在"新建"对话框中选中"报表"单选按钮,单击"向导"按钮。在"向导选取"对话框中选择"报表向导"选项,单击"确定"按钮。

2. 字段选取

在"数据库和表"中选择职工表,分别选择字段:职工编号、姓名、职称、性别和工资,添加到选定字段列表中。步骤2-分组记录不需要设置。

3. 选择报表样式

选择报表样式为"经营式"。

4. 定义报表布局

字段布局选择"列"方式,报表输出方向选择"纵向",定义"列数"为1。

5. 排列记录

选择基本工资为排序字段。

6. 完成

选择报表处理方式为保存报表,并在"报表设计器"中修改报表,然后单击"完成"按钮。使用报表向导建立的报表及其预览效果如图7-1(a)和图7-1(b)所示。

【实验思考】

分析、总结报表分组的用途。

(a) 报表向导建立的报表

(b) 报表向导建立的报表预览效果

图7-1 使用报表向导建立报表

实验二 使用一对多报表向导建立报表

【实验目的】

掌握一对多报表向导建立报表的过程。

【实验内容】

基于学生表和学生成绩表用一对多向导建立报表 FRX2.FRX。

【实验步骤】

1. 启动一对多报表向导

选择"文件"菜单中的"新建"命令,在打开的"新建"对话框中选中"报表"单选按钮,然后单击"向导"按钮。在"向导选取"对话框中选择"一对多报表向导"选项,单击"确定"按钮。

2. 从父表选择字段

从课程表中选取课程号、课程名字段。

3. 从子表选择字段

从授课表中选取课程号、职工号段。

4. 为表建立关系和排序记录设置。

5. 选择报表样式,采用默认设置。

6. 完成

选择报表处理方式为保存报表并在"报表设计器"中修改报表,单击"完成"按钮。

7. 设置多栏打印

选择"文件"菜单中的"页面设置"命令,设置列数为2,单击"确定"按钮。

一对多报表向导建立的报表及其预览效果如图 7-2(a)和图 7-2(b)所示。

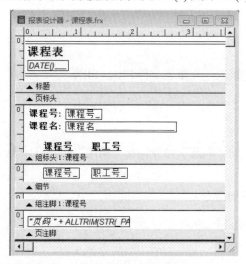

(a) 一对多报表向导建立报表

图 7-2 一对多报表向导建立报表及效果

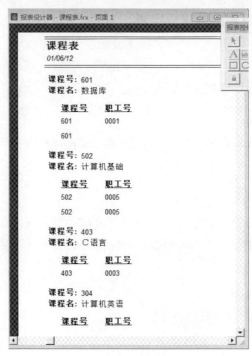

(b) 使用一对多报表向导建立的报表预览效果

图 7-2　（续）

【实验思考】

分析、总结多栏输出的方法技巧。

实验三　快速报表

【实验目的】

掌握快速报表的建立方法。

【实验内容】

根据学生表，用快速报表建立报表文件 FRX3.FRX。

【实验步骤】

1. 打开报表设计器。

选择"文件"菜单中的"新建"命令，在"新建"对话框中选中"报表"单选按钮，单击"新建文件"按钮。

在命令窗口中输入下列命令。

```
CREATE REPORT FRX3
```

2. 添加数据环境。

选择"显示"菜单中的"数据环境"命令，或右击报表，在弹出的快捷菜单中选择"数据环境"命令，添加学生表到数据环境中。

3. 用快捷报表建立报表。

选择"报表"菜单中的"快速报表"命令,在"快速报表"对话框(如图 7-3(a))中设置相应选项,字段包括学号、姓名、性别、出生日期,单击"确定"按钮,如图 7-3(b)所示。

快速报表法建立的报表及其效果如图 7-3(c)和图 7-3(d)所示。

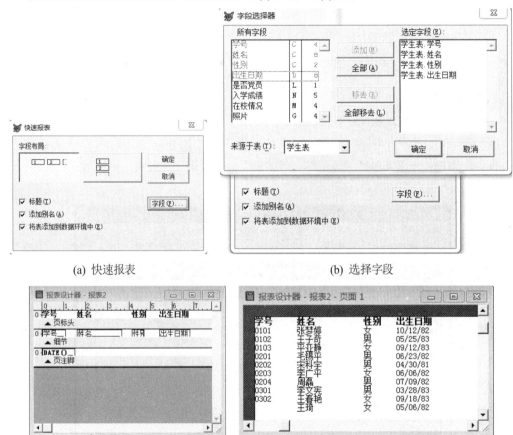

(a) 快速报表　　　　　　　　　　(b) 选择字段

(c) 快速报表建立的报表　　　(d) 使用快速报表建立的报表预览效果

图 7-3　通过快速报表建立报表

【实验思考】

分析、总结快速报表的启动方式及设置方法。

实训　报表设计

【实训目的】

掌握报表的使用方法。

【实训内容】

用任意方法建立如下报表。

1. 显示学生的姓名、性别、系。
2. 显示学生姓名、平均成绩,并按平均成绩降序排列。

第8章 菜单设计

实验一 建立菜单

【实验目的】

掌握菜单的建立过程。

【实验内容】

建立菜单文件 ZCD.MNX(如图 8-1 所示)，菜单选项如下。

- 文件(F)：子菜单包括"新建"、"打开(O)"、"关闭"。
- 编辑(E)：子菜单包括"浏览"、"编辑"、"查询"。
- 返回：退出用户菜单，返回系统菜单。

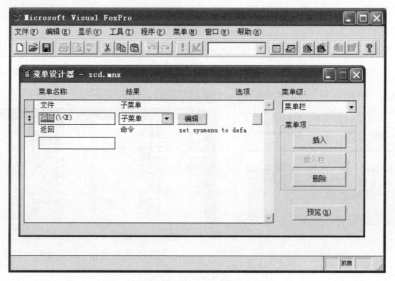

图 8-1 建立下拉菜单

【实验步骤】

1. 创建菜单文件

- 选择"文件"菜单中的"新建"命令，在打开的"新建"对话框中选中"菜单"单选按钮，单击"新建文件"按钮，在"新建菜单"对话框中选择"菜单"选项。
- 在命令窗口输入下列命令。

```
CREATE MENU
```

2. 在菜单设计器中根据实验内容设置各菜单项。

3. 设计"退出"菜单项的结果为命令，并输入"SET SYSMENU TO DEFAULT"。

4. 生成菜单程序文件

选择"菜单"菜单中的"生成"命令，打开保存确认对话框，单击"是"按钮，显示"另存为"对话框,输入文件名 ZCD,单击"保存"按钮,显示"生成菜单"对话框,单击"生成"按钮。

5. 运行菜单
- 选择"程序"菜单中的"运行"命令,打开"运行"对话框,选择 ZCD.MPR 文件,单击"运行"按钮。
- 在命令窗口中输入下列命令。

```
DO  ZCD.MPR
```

【实验思考】
分析、总结菜单的建立过程及调用方法。

实验二 建立快捷菜单

【实验目的】
掌握快捷菜单的建立过程和调用快捷菜单的方法。

【实验内容】
建立快捷菜单文件 KJCD.MNX,菜单选项如图 8-2 所示。

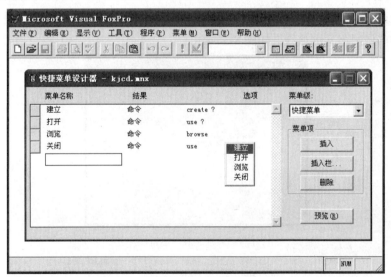

图 8-2 建立快捷菜单

【实验步骤】
1. 创建快捷菜单,打开快捷菜单生成器。
- 选择"文件"菜单中的"新建"命令,在打开的"新建"对话框中选中"菜单"单选按钮,单击"新建文件"按钮,在"新建菜单"对话框中选择"快捷菜单"选项。
- 在命令窗口输入下列命令。

```
CREATE MENU
```

2. 在快捷菜单设计器中根据图 8-2 设置各菜单项的内容。

3. 保存菜单，文件名为 KJCD.MNX。

4. 生成菜单程序文件，文件名为 KJCD.MPR。

5. 运行菜单

- 选择"程序"菜单中的"运行"命令，打开"运行"对话框，选择 KJCD.MPR 文件，单击"运行"按钮。

- 在命令窗口中输入下列命令。

```
DO KJCD.MPR
```

【实验思考】

分析、总结快捷菜单的建立过程及调用方法。

实验三　为顶层表单添加菜单

【实验目的】

掌握为顶层表单添加菜单的方法。

【实验内容】

建立表单文件 CKCD.SCX，将实验一建立的下拉菜单与实验二建立的快捷菜单分别在该表单窗口内调用，其运行界面如图 8-3 所示。

图 8-3　顶层表单运行图

【实验步骤】

1. 打开实验一建立的菜单文件 ZCD.MNX。

2. 选择"显示"菜单中的"常规选项"命令，打开"常规选项"对话框，选中"顶层表单"选项，单击"确定"按钮。

3. 保存菜单文件。

4. 生成菜单程序文件 ZCD.MPR。

5. 建立表单 CKCD.SCX，设置属性并编写事件代码如下。

- 设置表单的 ShowWindow 属性为"2--作为顶层表单"；

- Form1_Init 的事件代码：DO ZCD.MPR WITH THIS,.T.；
- Form1_RightClick 的事件代码：DO KJCD.MPR；

6. 保存表单文件，文件名为 CKCD.SCX。
7. 运行表单文件，执行菜单中的相应操作。

【实验思考】
分析、总结为顶层表单添加菜单的过程及调用方法。

实训　菜单设计

【实训目的】
综合检验学生学菜单的掌握情况。

【实训内容】
利用菜单设计器建立如图 8-4 所示的下拉式菜单，要求如下。
1. "打印"菜单包括"职工表"和"工资表"两个菜单项。
2. "数据维护"菜单的"浏览记录"菜单项能用来打开一个职工记录浏览窗口。

图 8-4　职工工资管理系统的下拉式菜单

第 9 章　项目管理器

实验一　项目管理器的定制

【实验目的】
学会项目管理器的定制。

【实验内容】
1. 掌握如何移动项目管理器。
2. 掌握如何改变项目管理器的大小。
3. 掌握如何折叠项目管理器。
4. 掌握如何分离项目管理器选项卡。

【实验步骤】
1. 移动项目管理器

将鼠标指针置于标题栏，然后将项目管理器拖动到新的位置。

2. 改变项目管理器的大小

将鼠标指针置于"项目管理器"窗口的上边界、下边界、两边或角上，然后拖动即可扩大或缩小其尺寸。

3. 折叠项目管理器

单击右上角的向上箭头。在折叠情况下，项目管理器只显示选项卡标题。如果要恢复折叠后的项目管理器，可单击右部的向下箭头。

4. 分离项目管理器选项卡

项目管理器被折叠时，用户可以通过分离且单独放置某一选项卡来满足自己的需要。

实验二　项目管理器的使用

【实验目的】

学会项目管理器的使用，包括如下几项内容。
1. 创建项目文件。
2. 添加数据库。
3. 新建主控程序。
4. 添加表单。
5. 连编。
6. 发布应用程序。

【实验内容】

1. 学会项目管理器的使用。
2. 学会 VF 6.0 应用程序的管理和发布。
3. 掌握项目管理器的启动。
4. 掌握在项目文件中添加和创建各种文件的方法。
5. 掌握主控程序的编写方法。
6. 掌握发布应用程序的方法。

【实验步骤】

1. 在资源管理器中先建立存放项目的文件夹 books，将项目中所需要的文件复制到该文件夹中，在命令窗口输入 set default to books 命令，设置默认路径。选择"文件"菜单中的"新建"命令，选中"项目"单选按钮，在打开的"创建对话框"输入项目名"学籍管理系统"，单击"保存"按钮。

2. 单击项目管理器中的"数据"选项卡，选择"数据库"，单击"添加"按钮，选择"课程管理.DBC"，单击"确定"按钮。

3. 单击项目管理器中的"代码"选项卡，选择"程序"，单击"新建"按钮，输入以下代码。

```
do form bk
read event
```

单击"保存"按钮。该程序名为 mymain，即建立主控程序。

4. 在项目管理器窗口的"全部"选项卡中单击"文档"前的"+"，在展开的选项中选择"表单"项，然后单击"添加"按钮。在"打开"对话框中选定表单 BK.SCX 并单击"确定"按钮，接下来修改表单 BK.SCX 的退出命令为过程。

```
clear event
quit
```

5. 单击项目管理器中的"连编"按钮。在"操作"单选按钮组中，选中"连编应用程序"单选按钮。在"选项"多选按钮组中选中"连编后运行"单选按钮，单击"确定"按钮，在打开的对话框的"应用程序名"文本框中输入文件名 books，单击保存则生成可执行文件。

6. 选择"工具"菜单中的"向导"选项，在弹出的级联菜单中选择"安装"命令，在向导指引下得到发布软盘，将安装盘在 Windows 环境下安装，即可运行应用程序。

【实验思考】

分析、总结项目管理器的定制方法和使用过程。

实训　项目管理器

【实训目的】

综合检验学生学项目管理器的掌握情况。

【实训内容】

1. 新建项目学生管理.PJX。
2. 添加数据源(第 2 章实训"成绩管理数据库")。
3. 在表单中添加登录、查询、添加、修改功能。
4. 添加菜单。
5. 实现各页面的具体功能。

第二部分　Visual FoxPro 习题和答案

第 1 章　数据库系统基础

1.1　习题

一、选择题

1. (　　)可以看成是现实世界到机器世界的一个过渡的中间层次。
   A. 概念模型　　　　　　　　B. 逻辑模型
   C. 结构模型　　　　　　　　D. 物理模型
2. DBAS 指的是(　　)。
   A. 数据库管理系统　　　　　B. 数据库系统
   C. 数据库应用系统　　　　　D. 数据库服务系统
3. Visual FoxPro 关系数据库管理系统能够实现的 3 种基本关系运算是(　　)。
   A. 选择、投影、连接　　　　B. 索引、排序、查找
   C. 选择、索引、联系　　　　D. 差、交、并
4. Visual FoxPro 是一种(　　)。
   A. 数据库管理系统　　　　　B. 数据库
   C. 文件管理系统　　　　　　D. 语言处理程序
5. Visual FoxPro 是一种关系数据库管理系统,所谓关系是指(　　)。
   A. 表中各记录间的关系
   B. 表中各字段间的关系
   C. 数据模型符合满足一定条件的二维表格式
   D. 一个表与另一个表间的关系
6. Visual FoxPro 的主界面包括(　　)。
   A. 标题栏和菜单栏　　　　　B. 工具栏和状态栏
   C. 命令窗口　　　　　　　　D. 以上全部
7. Visual FoxPro 支持(　　)两种工作方式。
   A. 命令方式、菜单工作方式　　B. 交互操作方式、程序执行方式
   C. 命令方式、程序执行方式　　D. 交互操作方式、菜单工作方式

8. 把各个数据库文件联系起来构成一个统一的整体,在数据库系统中需要采用一定的( )。
   A. 操作系统　　　　　　　　　　B. 文件系统
   C. 文件结构　　　　　　　　　　D. 数据结构

9. 保存程序的快捷键为( )。
   A. Ctrl+W　　　　　　　　　　　B. Shift+W
   C. Ctrl+S　　　　　　　　　　　D. Shift+S

10. 对关系代数表达式进行优化处理时,尽可能早地执行下列哪些操作? ( )
    A. 笛卡尔积　　　　　　　　　　B. 投影
    C. 选择　　　　　　　　　　　　D. 连接

11. 关系代数表达式等价问题,下列说法错误的是( )。
    A. 若两个关系代数表达式等价,则用两个同样的关系实例代替两个表达式中相应关系时,所得到的结果是一样的
    B. 若两个关系代数表达式等价,则用两个同样的关系实例代替两个表达式中相应关系时,会得到相同的属性集
    C. 若两个关系代数表达式等价,则用两个同样的关系实例代替两个表达式中相应关系时,会得到相同的元组集
    D. 若两个关系代数表达式等价,则用两个同样的关系实例代替两个表达式中相应关系时,会得到相同的属性集,并且元组中属性的顺序也一致

12. 关于代数的 5 个基本操作是( )。
    A. 并、差、交、除、笛卡尔积　　　B. 并、差、交、乘、选择
    C. 并、差、交、选择、投影　　　　D. 并、差、笛卡尔积、投影、选择

13. 关于命令的书写规则,下列说法中正确的是( )。
    A. 命令不一定要以命令名开头　　　B. 各子句顺序不能改变
    C. 不能大小写混合,也不能分行书写　D. 命令行最大字符数是 2048

14. 下列命题中错误的是( )。
    A. 关系中每一个属性对应一个值域
    B. 关系中不同的属性可对应同一值域
    C. 对应于同一值域的属性为不同的属性
    D. DOM(A)表示属性 A 的取值范围

15. 在 Visual FoxPro 中,显示命令窗口的操作正确的是( )。
    A. 单击常用工具栏上的"命令窗口"按钮
    B. 单击"窗口"菜单中的"命令窗口"命令
    C. 按 Ctrl+F2 组合键
    D. 以上方法均可

16. 从 E-R 图导出关系模型时,如果两实体间的联系是 m:n 的,下列说法中正确的是( )。
    A. 将 m 方关键字和联系的属性纳入 n 方的属性中

B. 将 n 方关键字和联系的属性必纳入 m 方的属性中

C. 在 m 方属性和 n 方的属性中均增加一个表示级别的属性

D. 增加一个关系表示联系,其中纳入 m 方和 n 方的关键字

17．存储在计算机内有结构的相关数据的集合称为( )。

  A．数据库   B．数据库系统

  C．数据库管理系统   D．数据结构

18．对某个单位来说,正确的是( )。

  A. E-R 图是唯一的   B．数据模型是唯一的

  C．数据库文件是唯一的   D．以上 3 个都不是唯一的

19．关系是指( )。

  A．元组的集合   B．属性的集合

  C．字段的集合   D．实例的集合

20．关系数据库系统中所使用的数据结构是( )。

  A．树   B．图

  C．表格   D．二维表

21．关系数据库中,实现表与表之间的联系是通过( )。

  A．实体完整性规则   B．参照完整性规则

  C．用户自定义的完整性规则   D．值域

22．关系数据库中,实现主码标识元组的作用是通过( )。

  A．实体完整性规则   B．参照完整性规则

  C．用户自定义的完整性   D．属性的值域

23．数据库的网状模型应满足的条件是( )。

  A．允许一个以上的结点无双亲,也允许一个结点有多个双亲

  B．必须有两个以上的结点

  C．有且仅有一个结点无双亲,其余结点都只有一个双亲

  D．每个结点有且仅有一个双亲

24．数据库模型提供了两个映像,它们的作用是( )。

  A．控制数据的冗余度   B．实现数据的共享

  C．使数据结构化   D．实现数据独立性

25．数据库系统的构成为:数据库、计算机硬件系统、用户和( )。

  A．操作系统   B．文件系统

  C．数据集合   D．数据库管理系统

26．数据库系统的核心是( )。

  A．数据库管理系统   B．数据库

  C．数据库系统   D．文件系统

27．数据库系统与文件系统的主要区别是( )。

  A．文件系统不能解决数据冗余和数据独立性问题,而数据库系统可解决这类问题

B. 文件系统只能管理少量数据，而数据库系统则能管理大量数据

C. 文件系统只能管理程序文件，而数据库系统则能管理各种类型的文件

D. 文件系统简单，而数据库系统复杂

28．数据模型用来表示实体间的联系，但不同的数据库管理系统支持不同的数据模型。在常用的数据模型中，不包括(　　)。

　　A. 网状模型　　　　　　　　B. 链状模型
　　C. 层次模型　　　　　　　　D. 关系模型

29．下列关于关系模型的参照完整性规则的描述，错误的是(　　)。

　　A. 外键和相应的主键应定义在相同值域上

　　B. 外键和相应的主键可以不同名

　　C. 参照关系模式和依赖关系模式可以是同一个关系模式

　　D. 外键值不可以为空值

30．下列关于数据库系统的叙述中，正确的是(　　)。

　　A. 表的字段之间和记录之间都存在联系

　　B. 表的字段之间和记录之间都不存在联系

　　C. 表的字段之间不存在联系，而记录之间存在联系

　　D. 表中只有字段之间存在联系

31．下列关于数据库系统的叙述中，正确的是(　　)。

　　A. 数据库系统只是比文件系统管理的数据更多

　　B. 数据库系统中数据的一致性是指数据类型一致

　　C. 数据库系统避免了数据冗余

　　D. 数据库系统减少了数据冗余

32．用二维表形式表示的数据模型是(　　)。

　　A. 层次数据模型　　　　　　B. 关系数据模型
　　C. 网状数据模型　　　　　　D. 网络数据模型

33．用于实现对数据库进行各种数据操作的软件称为(　　)。

　　A. 数据软件　　　　　　　　B. 操作系统
　　C. 数据库管理系统　　　　　D. 编译程序

34．"编辑"菜单中"清除"的内部名称为(　　)。

　　A. _MED_CLEAR　　　　　　　B. _MED_CUT
　　C. _MED_SLCTA　　　　　　　D. _MED_FIND

35．命令窗口的显示与隐藏可通过(　　)菜单中的 Command 和 Hide 选项来控制。

　　A. Edit(编辑)　　　　　　　B. Window(窗口)
　　C. Run(运行)　　　　　　　 D. File(文件)

36．如果要改变一个关系中属性的排列顺序，应使用的关系运算是(　　)。

　　A. 重建　　　　　　　　　　B. 选取
　　C. 投影　　　　　　　　　　D. 连接

37．如要改变标尺刻度为像素，则需要在(   )。
    A. 在"格式"菜单中选择"设置网格刻度"命令
    B. 在"工具"菜单中选择"设置网络刻度"命令
    C. 在"格式"菜单中选择"选项"命令
    D. 在"工具"菜单中选择"选项"命令

38．使用数据库技术进行人事档案管理是属于计算机的(   )。
    A. 科学计算应用   B. 过程控制应用
    C. 数据处理应用   D. 辅助工程应用

39．下列方法中，不能退出 Visual FoxPro 的是(   )。
    A. 选择"文件"菜单中的"关闭"命令
    B. 选择"文件"菜单中的"退出"命令
    C. 单击窗口标题栏右上角的"关闭"按钮
    D. 按 Alt+F4 组合键

40．下列命题中错误的是(   )。
    A. 关系中可以有两个相同的属性
    B. 关系中可以有两个相同的元组
    C. 关系中每个属性对应一个不同值域
    D. 关系中不同属性一定对应不同值域

41．以下关于 Visual FoxPro 的叙述最全面的是(   )。
    A. Visual FoxPro 是一个数据库应用平台软件
    B. Visual FoxPro 是一个数据库应用开发工具
    C. Visual FoxPro 是一个综合应用软件
    D. Visual FoxPro 既是一个数据库应用平台，又是数据库应用开发工具

42．在 Visual FoxPro 编辑环境下，打开"编辑"菜单的快捷键是(   )。
    A. Alt+F   B. Alt+E
    C. Alt+V   D. Alt+T

43．在 Visual FoxPro 编辑环境下，打开"工具"菜单的快捷键是(   )。
    A. Alt+F   B. Alt+E
    C. Alt+V   D. Alt+T

44．在 Visual FoxPro 编辑环境下，打开"显示"菜单的快捷键是(   )。
    A. Alt+F   B. Alt+E
    C. Alt+W   D. Alt+V

45．在 Visual FoxPro 的"程序"菜单中选择"运行"命令，被执行文件对应的扩展名不能是(   )。
    A. Prg   B. Scx
    C. Sqr   D. Mpr

二、填空题

1. "参照完整性生成器"对话框中的"插入规则"选项卡用于指定在_____中插入新记录或更新已存在的记录时所用的规则。

2. "参照完整性生成器"对话框中的"删除规则"选项卡用于指定删除_____中的记录时所用的规则。

3. Visual FoxPro 6.0 的工作方式有_____种。

4. Visual FoxPro 6.0 有_____种设计器。

5. Visual FoxPro 6.0 有_____种生成器。

6. Visual FoxPro 6.0 有_____种索引。

7. Visual FoxPro 6.0 有_____种向导。

8. Visual FoxPro 系统菜单中有文件、显示、格式、工具、程序、窗口、帮助和_____。

9. Visual FoxPro 系统尺寸类型有：_____、公制。

10. 层次模型中，根结点以外的结点至多可有_____个父结点。

11. 打开"工具"菜单的快捷键是_____。

12. 对关系进行选择投影或连接运算之后，运算的结果仍然是一个_____。

13. 关系操作的特点是_____操作。

14. 关系代数中，从两个关系中找出相同元组的运算称为_____运算。

15. 关系模型把数据间的联系用满足一定条件的_____来表示。

16. 关系是具有相同性质的_____的集合。

17. 关系数据库的标准语言是_____结构化查询语句。

18. 关系数据库中每个关系的形式是_____。

19. 联系是指_____之间的相互联系。

20. 数据库系统不仅可以表示事物内部各数据项之间的联系，而且可以表示_____之间的联系。

21. 数据库中的数据是有结构的，这种结构是由数据库管理系统所支持的_____表现出来的。

22. 退出 Visual FoxPro 6.0 有_____种方法。

23. 现实世界中的每一个事物都是一个对象，对象所具有的固有特征称为_____。

24. 信息是有用的_____。

25. 要清除 Visual FoxPro 主窗口编辑区的内容，应执行_____命令。

26. 要想改变关系中属性的排列顺序，应使用关系运算中的_____运算。

27. 有两个实体集合，它们之间存在着一个 M∶N 的联系，根据转换规则，该 E-R 结构转换为_____个关系模式。

28. 在命令窗口中输入_____命令后按 Enter 键可退出 Visual FoxPro。

三、判断题

1. 在 Visual FoxPro 环境下，对数据库操作只能在命令窗口输入命令后，才可以操作。

2．要取得目前所在环境的帮助，应按 F1 键。

3．Visual FoxPro 中文版是一个关系数据库管理系统。

4．从列的角度进行的运算即纵向运算是投影运算。

5．数据库管理技术在文件管理阶段可实现数据的共享。

6．数据库是将许多具有相关性的数据以一定方式组织存储在一起形成的数据集合。

7．数据是信息的表现形式，是对原始信息进行分析、加工、处理后得到的有价值、有意义的信息。

8．要清除 Visual FoxPro 主窗口编辑区的数据，可直接在命令窗口输入 CLEAR 命令。

9．在 VFP 的命令窗口中输入命令时，一条命令一般占一行，命令中各单词间以一个或多个空格来分开。

10．Visual FoxPro 命令区分大小写。

1.2　答案

一、选择题

ACAAC　　DBDAC　　DADCD　　DADAD　　BAADD　　AABDA　　DBCAB　CACAC　　DBDDC

二、填空题

1．子表　　　　2．父表　　　　3．3　　　　　4．10
5．11　　　　　6．4　　　　　 7．21　　　　 8．编辑
9．英制　　　　10．1　　　　 11．Alt+T　　 12．关系
13．集合　　　 14．交　　　　 15．新关系　　 16．元组记录
17．SQL　　　 18．二维表　　 19．实体　　　 20．事物与事物
21．数据模型　 22．7　　　　　23．属性　　　 24．数据
25．CLEAR　　 26．投影　　　 27．3　　　　　28．QUIT

三、判断题

错对对对对　　对对对对错

第 2 章　数据库与表的基本操作

2.1　习题

一、选择题

1．一个工作区可以打开的数据库文件数为(　　)。

A. 1 　　　　　　　　　　　　　　B. 2
C. 10 　　　　　　　　　　　　　 D. 15

2. seek( )函数返回的值为( )型。

A. 字符　　　　　　　　　　　　B. 数值
C. 日期　　　　　　　　　　　　D. 逻辑

3. Visual FoxPro 在创建数据库时建立了扩展名为( )的文件。

A. .DBC　　　　　　　　　　　　B. .DCT
C. .DCX　　　　　　　　　　　　D. A、B、C 选项的格式

4. Visual FoxPro 支持多少个工作区？( )

A. 25　　　　　　　　　　　　　B. 225
C. 32767　　　　　　　　　　　 D. 180

5. Visual FoxPro 中，将当前索引文件中的"姓名"设置为当前索引，应输入的命令是( )。

A. SET ORDER 姓名　　　　　　　B. SET 姓名
C. SET ORDER TO TAG 姓名　　　 D. SET INDEX TO 姓名

6. 建立一个库文件结构，库中有姓名字段(C 型，6 字节)、出生年月字段(D 型)和婚否字段(L 型)，则该库中总的字段宽度是( )。

A. 15　　　　　　　　　　　　　B. 16
C. 17　　　　　　　　　　　　　D. 18

7. 某数据库文件有字符型、数值型和逻辑型这 3 个字段。其中，字符型字段宽度为 5，数值型字段宽度为 6，小数位为 2，库文件中共有 100 条记录，则全部记录需要占用的存储字节数目是( )。

A. 1100　　　　　　　　　　　　B. 1200
C. 1300　　　　　　　　　　　　D. 1400

8. 某数值型字段的宽度为 6，小数位为 2，则该字段所能存放的最小数值是( )。

A. 0　　　　　　　　　　　　　 B. -999.99
C. -99.99　　　　　　　　　　　D. -9999.99

9. 如果要在当前表中新增一个字段，应使用( )命令。

A. MODI STRU　　　　　　　　　B. APPEND
C. INSERT　　　　　　　　　　　D. EDIT

10. 设置字段级规则时，"字段有效性"框的"规则"中应输入( )表达式，"信息"框中输入( )表达式。

A. 字符串、逻辑　　　　　　　　B. 逻辑、字符串
C. 逻辑、由字段决定　　　　　　D. 由输入的字段决定、逻辑

11. 使用 BROWSE 命令可以对当前数据表记录进行多种编辑操作，包括( )。

A. 修改、追加、删除、但不能插入
B. 修改、追加、删除及插入

C. 修改、删除、插入、但不能追加

D. 修改、追加、插入、但不能删除

12. 下列选项中不能够返回逻辑值的是( )。

 A. EOF()   B. BOF()

 C. RECNO()   D. FOUND()

13. 下列字段名中不合法的是( )。

 A. 姓名   B. 3 的倍数

 C. abs_7   D. UF1

14. 下列字段名中不合法的是( )。

 A. 计算机   B. 5 倍数

 C. abc_2   D. student

15. 下列字段名中合法的是( )。

 A. 编号   B. 1U

 C. _产品号   D. 生产_日期

16. 一旦表拥有备注字段或通用字段，除了表文件外，还会拥有一个备注文件，那么备注文件的扩展名是( )。

 A. .dbc   B. .dbf

 C. .fpt   D. .prg

17. 已知"是否通过"字段为逻辑型，要显示所有未通过的记录应使用命令( )。

 A. LIST FOR 是否通过=.F.   B. LIST FOR NOT 是否通过<>.T.

 C. LIST FOR"是否通过"   D. LIST FOR NOT 是否通过

18. 在 VFP 的表结构中，逻辑型、日期型和备注型字段的宽度分别为( )。

 A. 1、8、10   B. 1、8、4

 C. 3、8、10   D. 3、8、任意

19. 在 VFP 环境下，用 LIST STRU 命令显示表中每个记录的长度(总计)为 60，用户实际可用字段的总宽度为( )。

 A. 60   B. 61

 C. 59   D. 58

20. Visual FoxPro 中，一个表可以创建( )个主索引。

 A. 1   B. 2

 C. 3   D. 若干

21. Visual FoxPro 的 4 类索引中，一表可以创建多个( )。

 A. 主索引、候选索引、唯一索引、普通索引

 B. 候选索引、唯一索引、普通索引

 C. 主索引、候选索引、唯一索引

 D. 主索引、唯一索引、普通索引

22. Visual FoxPro 中索引类型包括( )。

A. 主索引、候选索引、普通索引、视图索引

B. 主索引、次索引、唯一索引、普通索引

C. 主索引、次索引、候选索、普通索引

D. 主索引、候选索引、唯一索引、普通索引

23．Visual FoxPro 中，删除全部索引的命令是（   ）。

A. SEEK ALL　　　　　　　　B. DELETE TAG TAGNAME

C. DELETE TAG ALL　　　　　D. SET ORDER

24．Visual FoxPro 中的 SEEK 命令用于（   ）。

A. 索引　　　　　　　　　　B. 定位

C. 浏览　　　　　　　　　　D. 编辑

25．Visual FoxPro 中的参照完整性包括（   ）。

A. 更新规则　　　　　　　　B. 删除规则

C. 插入规则　　　　　　　　D. 以上答案均正确

26．Visual FoxPro 中逻辑删除是指（   ）。

A. 真正从磁盘上删除表及记录

B. 逻辑删除是在记录旁作删除标志，不可以恢复记录

C. 真正从表中删除记录

D. 逻辑删除只是在记录旁作删除标志，必要时可以恢复记录

27．Visual FoxPro 中能够进行条件定位的命令是（   ）。

A. SKIP　　　　　　　　　　B. GO

C. LOCATE　　　　　　　　　D. SEEK

28．Visual FoxPro 中设置参照完整性时，要设置成：当更改父表中的主关键段或候选关键字段时，自动更改所有相关子表记录中的对应值，应选择（   ）。

A. 忽略　　　　　　　　　　B. 级联

C. 限制　　　　　　　　　　D. 忽略或限制

29．表文件及其索引文件(.IDX)已打开，要确保记录指针定位在记录号为 1 的记录上，应使用命令（   ）。

A. GO TOP　　　　　　　　　B. GO BOF()

C. GO 1　　　　　　　　　　D. SKIP 1

30．不允许记录中出现重复索引值的索引是（   ）。

A. 主索引　　　　　　　　　B. 主索引、候选索引、普遍索引

C. 主索引和候选索引　　　　D. 主索引、候选索引和唯一索引

31．测试当前记录指针的位置可以用函数（   ）。

A. BOF()　　　　　　　　　　B. EOF()

C. RECON()　　　　　　　　　D. RECCOUNT()

32．创建表结构的命令是（   ）。

A. ALTER TABLE　　　　　　B. DROP TABLE

C. CREATE TABLE　　　　　　D. CREATE INDEX

33. 创建两个具有"多对多"关系的表之间的关联,应当(　　)。
    A. 通过纽带表   B. 通过某个同名字段
    C. 通过某个索引过的同名字段   D. 通过主索引字段和不同字段
34. 创建两个具有"一对多"关系的表之间的关联,应当(　　)。
    A. 通过纽带表   B. 通过某个同名字段
    C. 通过某个索引的同名字段   D. 通过主索引字段和不同字段
35. 打开一数据库,不一定将当前记录指针定位到1号记录的命令是(　　)。
    A. GOTO 1   B. GO TOP
    C. LOCATE WHILE RECNO()=1   D. LOCATE ALL FOR RECNO()=1
36. 当前工资表中有108条记录,当前记录号为8,用SUM命令计算工资总和时,若默认"范围"短语,则系统将(　　)。
    A. 只计算当前记录的工资值   B. 计算前8条记录的工资和
    C. 计算后8条记录的工资和   D. 计算全部记录的工资和
37. 当前工作区是指(　　)。
    A. 最后执行SELECT命令所选择的工作区
    B. 最后执行USE命令所在的工作区
    C. 最后执行REPLACE命令所在的工作区
    D. 建立数据表时所在的工作区
38. 当前记录号可用函数(　　)求得。
    A. EOF()   B. BOF()
    C. RECC()   D. RECNO()
39. 当前数据表共有10条记录,顺序执行下列命令后,屏幕所显示的记录号顺序是(　　)。

```
USE STUDENT
GO 6
LIST REST
```

    A. 6~10   B. 6
    C. 1~10   D. 1~6
40. 对数据表的结构进行操作,是在(　　)环境下完成的。
    A. 表设计器   B. 表向导
    C. 表浏览器   D. 表编辑器
41. 假设某字段所要存储的数值介于0~100,且不具备小数,则此字段采用哪种数据类型最合适(　　)。
    A. 数值类型   B. 浮动数类型
    C. 整型类型   D. 双精度类型
42. 假设数据表文件中共有50条记录,执行命令GO BOTTOM后,记录指针指向的记录的序号是(　　)。

A. 1　　　　　　　　　　　　B. 50
C. 51　　　　　　　　　　　　D. EOF()

43．将学生的自传存储在表中，应采用哪种数据类型的字段？（　　）
　　A．字符类型　　　　　　　　B．通用类型
　　C．逻辑类型　　　　　　　　D．备注类型

44．利用向导创建数据表时，应该(　　)。
　　A．在工具栏上单击向导按钮　　B．在命令窗口执行 CREATE
　　C．在表设计器中选择　　　　　D．在新建窗口中单击向导按钮

45．如果将一个数据表设置为"包含"状态，那么系统连编后，该数据表将(　　)。
　　A．成为自由表　　　　　　　　B．包含在数据库之中
　　C．可以随时编辑修改　　　　　D．不能编辑修改

46．下列(　　)命令不能关闭当前打开的数据表。
　　A．CLEAR　　　　　　　　　　B．CLOSE　ALL
　　C．USE　　　　　　　　　　　D．CLOSE TABLE

二、填空题

1．_____命令能将一个自由表加至活动数据库中。

2．LOCATE 命令中"范围"短语的默认值为_____。

3．Visual FoxPro 中，用于统计数据库表中的记录个数的命令是_____。

4．表文件的扩展名是_____。

5．表文件相关的备注文件的扩展名是_____。

6．创建数据库有两种方式，即界面操作方式和_____。

7．打开数据表后，如果想逐条显示当前表中的所有记录，可根据_____函数来判断是否已经显示完毕。

8．定位记录时，可以用_____命令向前或向后移动若干条记录位置。

9．关联是指使不同工作区的记录指针建立起一种临时的_____关系，当父表的记录指针移动时，子表的记录指针也随之移动。

10．候选索引的关键字段值是_____的。

11．记录指针绝对移动的命令可以是 GO 或_____。

12．假设目前已打开表和索引文件，要确保记录指针定位在记录号为 1 的记录上，应使用_____命令。

13．建立数据表有_____种方法。

14．建立索引的依据是_____。

15．结构复合索引文件的主名与表的主名相同，它随_____的打开而打开，在删除记录时会自动维护。

16．结构复合索引文件名与_____相同。

17．利用 LOCATE 命令查找到满足条件的第一条记录后，连续执行_____命令即可找到满足条件的其他记录。

18. 实现表之间临时关联的命令是_____。
19. 使用 INDEX 命令不能创建_____索引。
20. 数据表共有 10 条记录，当 BOF()为真时，记录号是_____。
21. 数据表文件 ST.DBF 中有字段：姓名/C、出生年月/D、总分/N 等，要创建姓名、出生年月的组合索引，其索引关键字表达式是_____。
22. 数据表文件 ST.DBF 中有字段：姓名/C、出生年月/D、总分/N 等，要创建姓名、总分、出生年月的组合索引，其索引关键字表达式是_____。
23. 数据表文件 ST.DBF 中有字段：姓名/C、性别/C 等，要创建性别、姓名的组合索引，其索引关键字表达式是_____。
24. 数据工作期设置的环境可以作为_____保存起来，需要时打开该文件即可恢复原来的环境。
25. 数据工作期是一个用于_____的交互操作窗口。
26. 数据环境是一个对象，泛指定义表单或表单集时使用的_____，包括表、视图和关系。
27. 数据库表的字段名称最长可达_____个字符。
28. 数据库表有 4 种索引类型，即_____、普通索引、唯一索引和候选索引。
29. 数据库文件的扩展名为_____。
30. 数据库文件是由.DBC、.DCT 和_____这 3 个文件所构成的。
31. 可利用_____函数测试当前记录号。
32. 物理删除表中所有记录的命令是_____。
33. 要切换至未被占用的最小号工作区应执行_____命令。
34. 一个数据表有 8 条记录，当 EOF()为真时，则当前记录号为_____。
35. 已知当前表中有 15 条记录，当前记录为第 12 条记录，执行 SKIP -2 命令后当前记录变为第_____条记录。
36. 以分屏输出方式显示表结构的命令是_____。
37. 以连续输出方式显示表结构的命令是_____。
38. 永久关系建立后存储在_____中，只要不作删除或变化就一直保存。
39. 永久关系是数据库表之间的关系，在数据库设计器中表现为表索引之间的_____。
40. 在 Visual FoxPro 中，打开数据库设计器的命令是_____。
41. 在 Visual FoxPro 中，恢复逻辑删除的记录的命令是_____。
42. 在 Visual FoxPro 中，浏览表记录的命令是_____。
43. 在 Visual FoxPro 中，要浏览表记录，首先用_____命令打开要操作的表。
44. 在 Visual FoxPro 中，指定从当前记录开始直到表文件的最后一条记录进行操作的范围字句是_____。
45. 在 Visual FoxPro 中，自由表字段名最长为_____个字符。

46. 在 Visual FoxPro 中执行 LIST 命令，要想在屏幕和打印机上同时输出，应使用命令_____。

47. 在浏览窗口中要删除某个记录，选定想要删除的记录，再按_____键，该记录删除框变黑。

48. 在浏览窗口中要追加新记录，可以使用_____快捷键。

三、判断题

1. FoxPro 中，工作区号用 1-255 表示，系统的工作区别名用 A-Z 表示。
2. VFP 中数据库文件的扩展名为.DBF，表文件的扩展名为.DBC。
3. VF 程序文件的扩展名是.DBF。
4. 函数 EOF 的功能为指向表的首记录之前，返回值为逻辑型。
5. 假设您使用 SORT 命令排序表 AB，则表 AB 中记录的存放次序便会按照指定的次序重新排列。
6. 如果根据一个逻辑型字段来创建一个递增次序的索引，则逻辑真值.T.将排列在前，而逻辑非.F.将排列在后。
7. 在定义字符型字段的宽度时，一个汉字要占两个字符的位置，宽度最长不得超过128。
8. 字段名可包含中文、英文字母、数字与下划线，而且第一个字母可以是数字或下划线。
9. 自由表的字段名最长可达 225 个字符。
10. 自由表的字段名最长为 10 个字符。
11. FoxPro 的字段变量是数据库中的字段，字段变量名必须用修改数据库结构方法修改。
12. VF 可以打开多个表，新打开的表自动成为当前表。
13. Visual Foxpro 工作区号的大小不能说明同时打开数据表的先后顺序。
14. 表的数据记录也存储于数据库文件中。
15. 表间的关系有永久关系和临时关系。
16. 不同数据记录的记录号可以是相同的。
17. 创建表文件时自动产生一个与表文件同名，扩展名为.FTP 的备注文件。
18. 打开一个表后，在命令窗口中执行 APPEND BLANK 的结果是在表的结尾追加一条空记录。
19. 当 EOF()为.T.时，RECNO()永远为 RECCOUNT()+1。
20. 当创建好一张表后，要在表的末尾追加一条记录，应输入命令 INSERT。
21. 当指针指向首记录时，BOF()函数为.T.。
22. 对记录作逻辑删除，即在磁盘上真正删除该记录。
23. 对一个已打开的数据表，只需用 BROWSE 命令就可对表中的数据进行浏览和编辑。
24. 将指针指向表文件中第一条记录的命令可以用 GO TOP。
25. 您可以为一个表创建多个索引文件。

26． 您可以在同一个工作区中同时打开多个表。

27． 如果 LOCATE 命令找不到指定条件的数据记录，记录指针将被移至最后一条数据记录的下边。

28． 若要删除已有的数据库必须先将其进行关闭。

29． 设表文件中有 5 条记录，且已打开，当 BOF()为真时，RECNO()的返回值为 0。

30． 设表文件中有 6 条记录，且已打开，当 EOF()为真时，RECNO()的返回值为 7。

31． 设表文件中有 8 条记录，且已打开，当 BOF()为真时，RECNO()的返回值为 1。

32． 设表中有 10 条记录，当 EOF()为真时，说明记录指向了表中最后一条记录。

33． 使用命令编辑表的数据时，必须先打开表。

34． 数据表和自由表无差异。

35． 数据库表可以拥有主索引。

36． 新建数据库的命令为 CREAT DATA。

37． 要恢复已被 DELETE 命令删除的数据记录，必须执行 PACK 命令。

38． 一个空数据库被打开后，执行?BOF()结果为.T.，执行?EOF()结果为.F.。

39． 用 DELETE 和 ZAP 删除的记录都不能恢复。

40． 用 EDIT 命令打开的是表的浏览窗口，用 BROWS 命令打开的是表的编辑窗口。

41． 用 INSERT 命令可在表的任意位置插入新记录或空白记录。

42． 用 USE 命令打开表时，指针默认指向第一条记录。

43． 用 ZAP 命令可以删除表文件。

44． 在 FOXPRO 的数据类型中，数值型字段的计算精度比浮点型高，最长为 20 位。

45． 在 FoxPro 中，COPY 命令不但可以复制数据库、数据库结构和结构数据库，还可复制各种文件。

46． 在 FoxPro 中，打开有记录的数据库后，执行命令 GO BOTTOM 和?EOF()后，显示结果会是.T.。

47． 在 FoxPro 中，当使用命令：replace 简历 with "1980 年毕业于北京大学" additive，是将"1980 年毕业于北京大学"追加到原来简历的后面。

48． 在 Visual FoxPro 中，您可以同时打开多个数据库，而且在同一时间内，可以有多个数据库是"当前数据库"。

49． 在同一表文件中，所有记录的长度均相等。

50． 执行 DELETE 命令删除了表中记录以后，用 RECALL 命令可以恢复。

2.2 答案

一、选择题

ADDCC　BCCAB　ACBBD　CDBCA　BDCBD　DCBCC　CCADB　DADAA
CBDDDA

二、填空题

1. ADD　TABLE　2、ALL　　3. RECCOUNT()　　4. DBF
5. .FPT　　6. 命令方式　　7. EOF　　8. SKIP
9. 联动　　10. 唯一　　11. GOTO　　12. GO 1
13. 3　　14. 索引关键字　　15. 表或数据表　　16. 表的主名或表名
17. CONTINUE 或 CONT　　18. SET RELATION　　19. 主
20. 1　　21. 姓名+DTOC(出生年月)
22. 姓名+STR(总分)+DTOC(出生年月)　　23. 性别+姓名　　24. 文件
25. 设置工作环境　　26. 数据源　　27. 128　　28. 主索引
29. DBC　　30. .DCX　　31. RECNO　　32. ZAP
33. SELECT 0　　34. 8　　35. 十或 10
36. DISPLAY STRUCTUR　　37. LIST STRUCTURE
38. 数据库文件或.DBC 文件　　39. 连线
40. MODIFY DATABASE　　41. RECALL　　42. BROWSE
43. USE　　44. REST　　45. 10　　46. LIST TO PRINT
47. Ctrl+T　　48. Ctrl+Y

三、判断题

错错错错错　　错错错错对　　对对对错对　　错错对对错　　错错对对对　　错对对错对
对错对错对　　对错错错对　　对对对错对　　错对错错对

第 3 章　结构化程序设计

3.1　习题

一、选择题

1. ?str(1234.567, 3, 2)的结果为(　　)。
   A. 123.57　　　　　　　　B. 123.56
   C. 123　　　　　　　　　D. ＊＊＊

2. {^2002-06-30}+29 的运算结果是(　　)。
   A. 07/29/02　　　　　　　B. 06/30/02
   C. 07/20/02　　　　　　　D. 07/28/02

3. {^1999/05/01}+31 的值应为(　　)。
   A. {^1999/06/01}　　　　　B. {^1999/05/31}
   C. {^1999/06/02}　　　　　D. {^1999/04/02}

4. 6E-3 是一个( )。
   A. 内存变量   B. 字符常量
   C. 数值常量   D. 非法表达式
5. 8E+9 是一个( )。
   A. 内存变量   B. 字符常量
   C. 数值常量   D. 非法表达式
6. ASC("AB")值为( )。
   A. 131   B. 0
   C. 65   D. 66
7. ASC("F")-ASC("A")+10 的值为( )。
   A. 0   B. 5
   C. 10   D. 15
8. AT("XY", "AXYBXYC")的值为( )。
   A. 0   B. 2
   C. 5   D. 7
9. CEILING(8.8)的函数值为( )。
   A. 8   B. -8
   C. 9   D. -9
10. CTOD("^1998/09/28")的值应为( )。
    A. 1998 年 9 月 28 日   B. 1998/09/28
    C. {^1998/09/28}   D. "1998-09-28"
11. DAY("^2002/01/09")返回的值是( )。
    A. 9   B. 1
    C. 计算机日期   D. 错误信息
12. DTOC({^1998/09/28})的值应为( )。
    A. 1998 年 9 月 28 日   B. 98/09/28
    C. "1998/09/28"   D. "09/28/98"
13. LOOP 和 EXIT 是下面( )程序结构的任选子句。
    A. PROCEDURE   B. DO WHILE-ENDDO
    C. IF-ENDIF   D. DO CASE-ENDCASE
14. MOD(-7, -4)的函数值为( )。
    A. -3   B. 3
    C. -1   D. 1
15. ROUND(-8.8, 0)的函数值为( )。
    A. 8   B. -8
    C. 9   D. -9
16. SIGN(-0)的函数值为( )。

A. 1 B. -1
C. 0 D. -0

17. VAL("1E3")的值为(   )。
    A. 1.0 B. 3.0
    C. 1000.0 D. 0.0

18. Visual FoxPro在进行字符型数据的比较时,有两种比较方式,系统默认的是(   )比较方式。
    A. 完全比较 B. 精确比较
    C. 不能比较 D. 模糊比较

19. Visual FoxPro 不支持的数据类型有(   )。
    A. 字符型 B. 货币型
    C. 备注型 D. 常量型

20. Visual FoxPro 的表达式中不仅允许有常量、变量,而且还允许有(   )。
    A. 过程 B. 函数
    C. 子程序 D. 主程序

21. Visual FoxPro 中,接收变量的个数绝对不能(   )传递参数的个数。
    A. 等于 B. 多于
    C. 少于 D. 不等于

22. wait timeout 后的数值代表(   )。
    A. 秒数 B. 分钟数
    C. 小时数 D. 天数

23. 变量名中不能包括(   )。
    A. 数字 B. 字母
    C. 汉字 D. 空格

24. 表达式:?VAL(SUBS("古老的故事",2))*LEN("Visual FoxPro")的结果是(   )。
    A. 0 B. 19
    C. 20 D. 21

25. 表达式 3*4^2-5/10+2^3 的值为(   )。
    A. 55 B. 55.5
    C. 65.5 D. 0

26. 表达式 ASC('APPEND')的值是(   )。
    A. 128 B. 127
    C. 65 D. A

27. 表达式 CTOD("12/27/65")-4 的值是(   )。
    A. 8/27/65 B. 12/23/65
    C. 12/27/61 D. 出错

28. 表达式 VAL('+1234-1234')的值是(   )。

A. 0   B. 1234
C. '+1234-1234   D. 出错

29．表达式：VAL(SUBS("本年第 2 期",7,1))*LEN("他!我")的结果是(　　)。
A. 0   B. 2
C. 8   D. 10

30．存储一个日期时间型数据需要(　　)个字节。
A. 1   B. 4
C. 8   D. 10

31．关于"?"和"??"，下列说法中错误的是(　　)。
A. ?和??只能输出多个同类型的表达式的值
B. ?从当前光标所在行的下一行第 0 列开始显示
C. ??从当前光标处开始显示
D. ?和??后可以没有表达式

32．关于 Visual FoxPro 中的运算符的优先级，下列选项中不正确的是(　　)。
A. 算术运算符的优先级高于其他类型运算符
B. 字符串运算符"+"和"-"优先级相等
C. 逻辑运算符的优先级高于关系运算符
D. 所有关系运算符的优先级都相等

33．关于 Visual FoxPro 数组的说法中，错误的是(　　)。
A. 数组的赋值只能通过 STORE 命令实现
B. 数组在定义之后，能进行重新赋值
C. 数组是一组具有相同名称不同下标的内存变量
D. 在定义数组时，数组的大小可以包含在一对中括号中，也可以包含在一对小括号中

34．函数：?AT("万般皆下品","惟有读书高")的结果是(　　)。
A. 万般皆下品   B. 惟有读书高
C. 万般皆下品 惟有读书高   D. 0

35．函数：?INT(53.76362)的结果是(　　)。
A. 53.7   B. 53.77
C. 53   D. 53.76362

36．函数：GOMONTH({^1999/04/18},-6)的值为(　　)。
A. 04/12/99   B. 04/24/99
C. 10/18/99   D. 10/18/98

37．函数 INT(数值表达式)的功能是(　　)。
A. 按四舍五入取数值表达式值的整数部分
B. 返回数值表达式值的整数部分
C. 返回不大于数值表达式的最大整数
D. 返回不小于数值表达式值的最小整数

38．货币型常量必须在其前面加一个(　　)符号。
　　A. " "　　　　　　　　　　　　B. #
　　C. $　　　　　　　　　　　　　D. &

39．计算表达式 1-8>7.OR."a"+"b"$"123abc123"的值时，运算顺序为(　　)。
　　A. ->.OR.+$　　　　　　　　　B. .OR.- +$>
　　C. -.OR.$+>　　　　　　　　　D. -+$>.OR.

40．假定 X 为 N 型变量，Y 为 C 型变量，则下列选项中符合 Visual FoxPro 语法要求的表达式是(　　)。
　　A. NOT.X>=Y　　　　　　　　　B. Y^2>10
　　C. X.001　　　　　　　　　　　D. STR(X)-Y

41．结果为逻辑真(.T.)的表达式是(　　)。
　　A. "ABC"$"ACB"　　　　　　　B. "ABC"$"GFABHGC"
　　C. "ABCGHJ"$"ABC"　　　　　D. "ABC"$"HJJABCJKJ"

42．两个日期型数据相减后，得到的结果为(　　)型数据。
　　A. C　　　　　　　　　　　　　B. N
　　C. D　　　　　　　　　　　　　D. L

43．逻辑型数据的取值不能是(　　)。
　　A. .T.或.F.　　　　　　　　　　B. .Y.或.N.
　　C. .T.或.F.或.Y.或.N.　　　　　D. T 或 F

44．日期型常量的定界符是(　　)。
　　A. 单引号　　　　　　　　　　　B. 花括号
　　C. 方括号　　　　　　　　　　　D. 双引号

45．如果要取消当前正在运行的程序，可在命令窗口中输入(　　)命令。
　　A. CANCEL　　　　　　　　　　B. RETURN
　　C. END　　　　　　　　　　　　D. STOP

46．如果一个运算表达式中包含有逻辑运算、关系运算和算术运算，并且其中未用圆括号规定这些运算的先后顺序，那么这样的综合型表达式的运算顺序是(　　)。
　　A. 逻辑->关系->算术　　　　　　B. 逻辑->算术->关系
　　C. 算术->逻辑->关系　　　　　　D. 算术->关系->逻辑

47．设 a、b 为字符型变量，与 a-b 等价的表达式是(　　)。
　　A. a+b　　　　　　　　　　　　B. TRIM(a)+b
　　C. a*b　　　　　　　　　　　　D. TRIM(a)+b+SPACE(LEN(a)-LEN(TRIM(a)))

48．设 a='Yang□',b='zhou',□表示一个空格，则 a-b 的值为(　　)。
　　A. 'Yangzhou'　　　　　　　　　B. 'Yang□zhou'
　　C. '□Yangzhou'　　　　　　　　D. 'Yangzhou□'

49．设 Ch 中存放的是长度为 1 的字符串，与 AT(CH,'123450')>0 等价的表达式是(　　)。

A. AT(CH,'12345')=0   B. CH$'123450'
C. '123450'=CH   D. '123450'$CH

50．设 D1 和 D2 为日期型数据，M 为整数，不能进行的运算是(   )。
   A. D1+D2   B. D1-D2
   C. D1+M   D. D2-M

51．设 N=886，M=345，K="M+N"，表达式 1+&K 的值是(   )。
   A. 1232   B. 数据类型不匹配
   C. 1+M+N   D. 346

52．设 R=2，A="3*R*R"，则&A 的值应为(   )。
   A. 0   B. 不存在
   C. 12   D. -12

53．设 X="ABC"，Y="ABCD"，则下列表达式中值为.T.的是(   )。
   A. X=Y   B. X==Y
   C. X$Y   D. AT(X,Y)=0

54．设当前数据表文件中含有字段 NAME，系统中有一内存变量的名称也为 NAME，?NAME 命令显示的结果是(   )。
   A. 内存变量 NAME 的值   B. 字段变量 NAME 的值
   C. 与该命令之前的状态有关 D. 错误信息

55．设有变量 pi=3.1415926，执行命令?ROUND(pi,3)的显示结果为(   )。
   A. 3.141   B. 3.142
   C. 3.140   D. 3.000

56．设有变量 sr="2000 年上半年全国计算机等级考试"，能够显示"2000 年上半年计算机等级考试"的命令是(   )。
   A. ?sr"全国"   B. ?SUBSTR(sr,1,8)+SUBSTR(sr,11,17)
   C. ?STR(sr,1,12)+STR(sr,17,14) D. ?SUBSTR(sr,1,12)+SUBSTR(sr,17,14)

57．使用"??"命令输出结果时，光标会(   )。
   A. 换行   B. 不换行
   C. 丢失   D. 改变形状

58．使用"?"命令时，换行是在显示输出结果(   )。
   A. 之前   B. 之后
   C. 前二行   D. 后二行

59．以下赋值语句正确的是(   )。
   A. STORE 8 TO X,Y   B. STORE 8,9 TO X,Y
   C. X=8,Y=9   D. X,Y=8

60．在 Visual Foxpro 中，程序文件的扩展名为(   )。
   A. .prg   B. .qpr
   C. .scx   D. .sct

61. 在 Visual Foxpro 中，逻辑运算符有(   )。
    A. .NOT.(逻辑非)   B. .AND.(逻辑与)
    C. .OR.(逻辑或)   D. 以上均是
62. 在 Visual Foxpro 中，用来建立程序文件的命令是(   )。
    A. OPEN COMMAND <文件名>   B. CREATE COMMAND <文件名>
    C. MODIFY COMMAND <文件名> D. 以上都不是
63. 在 Visual Foxpro 中，结构化程序设计的3种基本逻辑结构是(   )。
    A. 顺序结构、选择结构、循环结构   B. 选择结构、分支语句、循环结构
    C. 顺序结构、分支语句、选择结构   D. 选择结构、嵌套结构、分支语句
64. 在 Visual FoxPro 中，逻辑运算优先级最高的是(   )。
    A. .OR.   B. .AND.
    C. .NOT.   D. 相同
65. 字符型常量的定界符不包括(   )。
    A. 单引号   B. 双引号
    C. 花括号   D. 方括号

二、填空题

1. COUNT、SUM 和 AVERAGE 命令中默认"范围"短语时，都是指表中的_____记录。
2. dimension 定义的数组，其数组元素的初始值是_____类型。
3. FoxPro 中的数组元素下标从_____开始。
4. IIF(<条件>, <表达式 1>, <表达式 2>)中当条件为假时，函数返回值为_____。
5. SCAN…ENDSCAN 结构的语句，通过_____控制循环。
6. TIME()函数返回值的数据类型是_____。
7. Visual FoxPro 总共提供了_____种数据类型。
8. 调用过程使用_____命令。
9. 对于数组 AA(3,4)若以一维方式操作，aa(3,3)应是第_____个元素。
10. 对于图片数据最好应存在_____字段中。
11. 构成分支结构的语句有_____个。
12. 构成循环结构的语句有_____个。
13. 建立程序文件有_____种方法。
14. 将内存变量定义为全局变量的 VF 命令是_____。
15. 逻辑数据类型变量的默认值规定为_____。
16. 逻辑运算符的优先级顺序依次为(1)_____、(2)AND、(3)OR。
17. 逻辑运算符的优先级顺序依次为(1)NOT、(2)AND、(3)_____。
18. 逻辑运算符的优先级顺序依次为(1)NOT、(2)_____、(3)OR。
19. 使 A 数组元素全部清 0 的命令是_____。

20．数组是按一定顺序排列的_____。

21．显示当前内存变量的命令为_____。

22．要终止执行中的命令或程序，应按_____键。

23．在 DO WHILE…ENDDO 循环结构中，用于跳出本次循环任务，使重新判断进入下一轮循环的命令是_____。

24．在 Visual FoxPro 中，数组必须先_____后使用。

25．在 Visual FoxPro 中，数组必须先定义，后_____。

26．在 Visual FoxPro 中，只可以使用_____维数组和二维数组。

27．在 Visual FoxPro 中，只可以使用一维数组和_____维数组。

28．在 Visual FoxPro 中，建立程序文件的命令是_____。

三、判断题

1．?5+4*2**6 的结果为 21。

2．{^99/02/10}和 CTOD("99/02/11")都是 FoxPro 数据库的日期型数据。

3．Visual FoxPro 表达式 CTOD("99/10/20")+10，结果为{99/10/30}。

4．Visual FoxPro 的浮点型字段比数值字段的计算精度高。

5．Visual FoxPro 的浮点型字段的计算精度比数值型字段高，最长为 15 位。

6．Visual FoxPro 的浮点型字段的计算精度比数值型字段高，最长为 20 位。

7．Visual FoxPro 的浮点字段与数值字段相类似，只有数字、小数点及整数，而不带正、负号。

8．Visual FoxPro 的关系运算符包括<、>、=、<>共 4 种。

9．Visual FoxPro 的关系运算符包括<、>、=、==、<>(#或!=)、<=和>=共 7 种。

10．Visual FoxPro 的日期型字段的长度为 6 位。

11．Visual FoxPro 的日期型字段的长度为 8 位。

12．Visual FoxPro 的字符串运算符有+、-、$和%。

13．Visual FoxPro 的字符型字段最长为 254 个汉字。

14．Visual FoxPro 的字符型字段最长为 254 个字符。

15．Visual FoxPro 的字符型字段最长为 256 个字符。

16．Visual FoxPro 数据类型包括数值型、字符型、逻辑型、日期型和备注型。

17．Visual FoxPro 中，表达式{^1999/02/11}-{^1999/01/30}结果是 12。

18．Visual FoxPro 中的通用型字段只能存储图像、图形。

19．Visual FoxPro 中关系表达式的结果是一个字符串.T.或.F.。

20．MAX 函数是日期型函数。

21．NULL 值其实与空字符串、数值 0 或逻辑非.F.是相同的。

22．备注型字段用于存放超过 254 个汉字的文本。

23．备注型字段用于存放超过 256 个字符的文本。

24．备注字段和通用字段的数据输入方法完全相同。

25．表达式 5<3.AND.7<8 的值为.F.。

26. 表达式?NOT 3>3 的返回值是.F.。
27. 表达式 ALLTRIM(SPACE(15))的返回值是空字符串。
28. 表达式 CHR(65)-STR(mod(1,7),2)的结果是 A1，串长为 2。
29. 表达式中每一项都必须是同一类型的。
30. 常量是其值在程序的执行过程中可以改变的量。
31. 浮点数类型比数值型更为精确。
32. 日期型常量{^2004/05/07}比日期型常量{^1999/06/08}大。
33. 在 Visual FoxPro 中，STORE 可以将多个常量赋给一个变量。
34. 在 Visual FoxPro 中，表达式"a"$"This is a book!"的结果是假的。
35. 在程序中未作过任何说明的内存变量都被看成局部变量。
36. 在分支选择结构提供的两种选择中，有且只有一种选择被执行。
37. 执行?IIF(5>8,2,3)后的结果为 2。
38. 执行?IIF(6>9,6,9)后的结果为 9。
39. 执行?MOD(3,-9)后的结果为-3。
40. 执行?MOD(4,7)后的结果为 0。
41. 执行?SIGN(1)后的返回结果为 1。
42. 字段变量和内存变量不能同名。
43. ?"This"= ="This"的结果为.F.。
44. LOOP 或 EXIT 语句不能单独使用，只能在循环体内使用。
45. Visual FoxPro 仅支持一维及二维数组，不支持三维以上的数组。
46. 备注型数据是较长文本数据，备注字段内容保存在一个数据库同名而扩展名为.FXT 的文件中。
47. 备注字段的数据输入的方法是：将光标停在备注字段上，然后按 Ctrl+PgUp 键，进入备注字段编辑窗口，然后输入备注字段内容。
48. 不加任何参数的??将产生一个换行的动作,?输出时将不换行。
49. 内存变量的值和数据类型都可以改变。
50. 同一个数组中的各个元素必须是相同的数据类型。
51. 系统内存变量的数据是不能改变的。
52. 在 Visual FoxPro 中，表达式"出生日期>={^70/01/01}.And.出生日期<={^80/12/31}"表示选取 70 年以前和 80 年以后出生的信息。
53. 在 Visual FoxPro 中，表达式"年龄<=45.And.博士$学历"表示选取 45 岁以下的博士毕业生。
54. 在 Visual FoxPro 中，函数 TRIM(<字符串>)可以将字符串中所有空格去掉。
55. 在 Visual FoxPro 中，可利用附件组的画图将图像送到剪贴板，然后粘贴到通用字段中。

四、程序填空题

注意：请在_____上添上适当的内容，使程序完整。

1. 在 XSDB.DBF 数据表中查找学生王迪，如果找到，则显示：学号、姓名、英语、生年月日，否则提示"查无此人！"。请在_____上添上适当的内容，使程序完整。

```
_____
XM="王迪"
_____ 姓名=XM
IF FOUN()
_____ 学号, 姓名, 英语, 生年月日
ELSE
   ? "查无此人！"
ENDIF
USE
RETURN
```

2. 依次显示 XSDB.DBF 数据表中的记录内容。请在_____上添上适当的内容，使程序完整。

```
_____
DO WHILE_____
DISP
_____
ENDDO
USE
RETURN
```

3. 实现：求 0~100 之间的奇数之和，超出范围则退出。请在_____上添上适当的内容，使程序完整。

```
X=0
Y=0
DO WHILE .T.
X=X+1
DO CASE
CASE _____
      LOOP
   CASE X>=100
_____
   OTHERWISE
      Y=Y+X
   ENDCASE
_____
? "0-100 之间的奇数之和为：", Y
RETURN
```

4. 下面程序根据 XSDB.DBF 数据表中的计算机和英语成绩对奖学金做相应调整：双科 90 分以上(包括 90)的每人增加 30 元； 双科 75 分以上(包括 75)的每人增加 20 元；其他人增加 10 元。请在_____上添上适当的内容，使程序完整。

```
USE XSDB
DO WHILE _____
 DO CASE
  CASE 计算机>=90.AND.英语>=90
     REPLACE 奖学金 WITH 奖学金+30
  CASE 计算机>=75.AND.英语>=75
     REPLACE 奖学金 WITH 奖学金+20
  _____
     REPLACE 奖学金 WITH 奖学金+10
 ENDCASE
 _____
ENDDO
```

5. 列出 XSDB.DBF 数据表中法律系学生记录, 将结果显示输出。请在_____上添上适当的内容, 使程序完整。

```
_____
DO WHILE .T.
 IF 系别="法律"
  DISP
  ENDIF
  _____
 IF EOF()
  _____
 ENDIF
ENDDO
RETURN
```

6. 统计 300~600 之间(包括 300 和 600)能被 3 整除的数的个数。请在_____上添上适当的内容, 使程序完整。

```
GS=0
N=300
DO WHILE _____
   IF MOD(N,3)=0
     _____
   ENDIF
   _____
ENDDO
? "300~600 之间(包括 300 和 600)能被 3 整除的数的个数为",GS
RETURN
```

7. 查找 XSDB 表中计算机成绩最高分的学生, 将其姓名和计算机字段的内容显示出来, 如: 王迪 98。请在_____上添上适当的内容, 使程序完整。

```
USE XSDB
MAX=计算机
_____
DO WHILE .NOT.EOF()
```

```
        IF MAX<计算机
            MAX=计算机
         _____
        ENDIF
     _____
ENDDO
?XM,MAX
USE
```

8. 下面是计算 1+1+2+2+…+n+n 之和的平方根的程序。

```
SET TALK OFF
INPUT TO N
_____
FOR I=1 TO N
    S=_____
ENDFOR
?"结果是",_____
RETURN
SET TALK ON
```

9. 以下程序通过键盘输入 4 个数字，找出其中最小的数。

```
SET TALK OFF
_____
INPUT "请输入第一个数字" TO X
M=X
DO WHILE I<=3
    INPUT "请输入数字" TO X
    IF _____
        M=X
    ENDIF
_____
ENDDO
? "最小的数是",M
SET TALK ON
```

10. 对表 XSDB.DBF 中的计算机和英语都大于等于 90 分以上的学生奖学金进行调整：法律系学生奖学金增加 12 元、英语系学生奖学金增加 15 元、中文系学生奖学金增加 18 元，其他系学生奖学金增加 20 元。请在_____上添上适当的内容，使程序完整。

```
USE XSDB
_____
DO WHILE FOUN()
  DO CASE
    CASE 系别="法律"
        ZJ=12
    CASE 系别="英语"
        ZJ=15
```

```
     CASE 系别="中文"
         ZJ=18
   _____
ZJ=20
  ENDCASE
  REPL 奖学金 WITH 奖学金+ZJ
_____
ENDDO
USE
```

11. 求 1~100 之间的奇数之和及偶数之和,将奇数之和存入 S1、偶数之和存入 S2,显示输出。请在_____上添上适当的内容,使程序完整。

```
i=1
store 0 to s1,s2
do while i<=100
    if _____
        s1=s1+i
    _____
        s2=s2+i
    endif
    _____
ENDD
?S1,S2
```

12. 显示所有 100 以内的 6 的倍数,并求这些数的和。

```
SET TALK OFF
I=1
_____
DO WHILE I<=100
    IF MOD(_____)=0
?I
 S=S+I
    _____
 I=I+1
ENDDO
? "S=",S
RETURN
```

13. 通过循环程序输出图形。

```
  *
  *           1
  *         321
  *       54321
  *     7654321

SET TALK OFF
```

```
FOR N=1 TO 4
     _____
     FOR M=1 TO _____
         ?? " "
     ENDFOR
     FOR M=1 TO 2*N-1
         ?? STR(_____,1)
     ENDFOR
ENDFOR
SET TALK OFF
```

14. 通过循环程序输出图形。

```
        *
       * *
      *   *
     *     *
    *       *
     *     *
      *   *
       * *
        *

SET TALK OFF
CLEAR
FOR N=1 TO 9
 IF N<=5
    M1=_____
 ELSE
    M1=_____
 ENDIF
 ?
 FOR M=1 TO ABS(_____)
   ?? " "
 ENDFOR
 FOR M=1 TO ABS(M1-2*N+1)
    IF M=1 OR M=ABS(M1-2*N+1)
        ?? "*"
    ELSE
        ?? " "
    ENDIF
 ENDFOR
ENDFOR
SET TALK OFF
```

15. 从键盘上输入一个表的文件名，将该表的第一条记录和最后一条记录的"姓名"字段内容互换(设表中有固定字段"姓名")。

```
SET TALK OFF
ACCEPT TO A
USE &A
GO 1
XM1=姓名
GO BOTTOM
_____
REPL 姓名 WITH _____
_____
REPL 姓名 WITH XM2
USE
SET TALK ON
```

16. 从键盘上输入一个表的文件名，在该表的第一条记录之前插入一条空记录，然后查找"姓名"为"王丽"的记录。如果找到，输出"姓名"为"王丽"的记录个数。

```
SET TALK OFF
ACCEPT TO A
USE &A
GO 1
_____
_____ FOR 姓名= "王丽"
IF NOT EOF()
   _____ TO A FOR 姓名= "王丽"
    ? "共",A, "条"
ELSE
    ? "没有找到"
ENDIF
USE
SET TALK ON
```

17. 从键盘上输入一个表的文件名，查找"姓名"为"刘洪"的记录。如果有该记录，则将该表结构及"姓名"为"刘洪"的记录一起复制成一个新表(表名为"A1")；否则，仅复制表结构(设表中有固定字段"姓名")。

```
SET TALK OFF
ACCEPT TO A
USE &A
_____ FOR 姓名="刘洪"
IF NOT EOF()
   _____ TO A1 FOR 姓名="刘洪"
ELSE
   _____ TO A1
ENDIF
USE
SET TALK ON
```

18. 通过循环程序，输出九九乘法表。

```
*1×1=1
*1×2=2  2×2=4
*1×3=3  2×3=6   3×3=9
*1×4=4  2×4=8   3×4=12  4×4=16
*1×5=5  2×5=10  3×5=15  4×5=20  5×5=25
*1×6=6  2×6=12  3×6=18  4×6=24  5×6=30  6×6=36
*1×7=7  2×7=14  3×7=21  4×7=28  5×7=35  6×7=42  7×7=49
*1×8=8  2×8=16  3×8=24  4×8=32  5×8=40  6×8=48  7×8=56  8×8=64
*1×9=9  2×9=18  3×9=27  4×9=36  5×9=45  6×9=54  7×9=63  8×9=72  9×9=81

SET TALK OFF
FOR N=1 TO 9
   _____
   _____
      ?? STR(M,1)+ "×"+STR(N,1)+ "="+_____+ " "
   ENDFOR
ENDFOR
SET TALK ON
```

19. 找出XSDB.DBF中奖学金最高的学生记录并输出。请在_____上添上适当的内容，使程序完整。

```
_____
MAX=0
DO WHILE _____
   IF MAX<奖学金
   _____
   JLH=RECN()
   ENDIF
   SKIP
ENDDO
?MAX
DISP FOR RECN()=JLH
USE
```

20. 显示输出以下图形。请在_____上添上适当的内容，使程序完整。

```
              *****
               ***
                *
CLEA
I=1
DO WHILE _____
   J=1
   DO WHILE J<=7-2*I
   _____
      j=j+1
```

```
        ENDDO
    _____
        ?
    ENDDO
```

21. 求出 1~100 之间的奇数积、偶数和。

```
SET TALK OFF
_____
s2=0
FOR I=1 to 100
    IF MOD(I,2)=_____
        s1=s1+I
    Else
        s2=_____
    ENDIF
NEXT
?" 奇数积为:",s2
?"偶数和为:",s1
SET TALK ON
```

22. 百马百担问题：有 100 匹马，驮 100 担货，大马驮 3 担，中马驮 2 担，两匹小马驮 1 担，求大、中、小马各多少匹？请在_____上添上适当的内容，使程序完整。

```
SET TALK OFF
CLEAR
FOR hb=0 TO 100
    FOR hm=0 TO 100-_____
        hs=_____
        IF hb*3+hm*2+_____=100
            ? "大马有: ",hb,"中马有: ",hm,"小马有: ",hs
        ENDIF
    ENDIF
ENDIF
SET TALK ON
CANC
```

23. 百鸡问题：100 元买 100 只鸡，公鸡 1 只 5 元钱，母鸡 1 只 3 元钱，小鸡 1 元钱 3 只，求 100 元钱能买公鸡、母鸡、小鸡各多少只？请在_____上添上适当的内容，使程序完整。

```
SET TALK OFF
CLEAR
FOR hb=0 TO 100
    FOR hm=0 TO 100-_____
        hs=_____
        IF hb*5+hm*3+_____=100
            ? "公鸡有: ",hb,"母鸡有: ",hm,"小鸡有: ",hs
        ENDIF
    ENDF
```

```
ENDF
SET TALK ON
CANC
```

24. 计算 Y=1+3^3/3!+5^5/5!+7^7/7!+9^9/9!的值。请在_____上添上适当的内容，使程序完整。

```
SET TALK OFF
CLEAR
S=0
FOR I=1 TO 9  _____
 T=1
 FOR J=1 TO _____
  T=T*J
 endf
 s=s+_____
endf
? 's=',s
set talk on
canc
```

25. 用二分法求方程 $2X^3+4X^2+3X-6=0$ 在(-10, 10)之间的根，其中 X^n 代表 X 的 n 次方。请在_____上添上适当的内容，使程序完整。

```
SET TALK OFF
clear
do while .t.
 input "x1=" to x1
 input "x2=" to x2
 fx1=x1*((2*x1-4)*x1+3)-6
 fx2=x2*((2*x2-4)*x1+3)-6
 if fx1*fx2<=0

  _____
 endif
enddo

do while _____
 x0=(x1+x2)/2
 fx0=x0*((2*x0-4)*x0+3)-6
 if fx0*fx1<0
  x2=x0
  fx2=fx0
 else
  x1=x0
  fx1=fx0
 endif
 if abs(fx0)<=1e-5
```

```
    exit
    endif
enddo

? "x=", _____
```

26. 下面的程序是将"计算机等级考试"显示为"计算机等级考试"。请在_____上添上适当的内容，使程序完整。

```
SET TALK OFF
CLEAR
X="计算机等级考试"
Y=_____
DO WHILE LEN(X)>= _____
Y=Y+SUBS(X,1,2)+' '
X=_____
ENDD
?Y
SET TALK ON
RETURN
```

27. 现有职工工资库文件 GZ.DBF 和职工档案 DA.DBF。要求对职工工资库文件中的"基本工资"、"应发工资"、"扣款工资"和"实发工资"的字段进行赋值。请在_____上添上适当的内容，使程序完整。

```
SET TALK OFF
CLEAR
SELE A
USE GZ
INDEX ON 编号 TO GZBHSY
SELE B
USE DA
INDE ON _____ TO DABHSY
SELE A
UPDA ON 编号  FROM DA REPL 基本工资 WITH _____
_____ 应发工资 WITH 基本工资+奖金, 扣款合计 WITH 水费+电费+房租费, 实发工资 WITH 实发工资-扣款合计
LIST
SET TALK ON
RETURN
```

28. 给定年号与月份，编写程序判断该年是否闰年，并根据给出的月份来判断该月有多少天。请在_____上添上适当的内容，使程序完整。

```
SET TALK OFF
CLEAR
INPUT "请输入年号：" TO Y
INPUT "请输入月号：" TO M
```

```
IF Y%4=0 AND Y%100<>0 OR Y%400=0
LYEAR=.T.
? '是闰年'
ELSE
LYEAR=_____
? '不是闰年'
ENDIF
N=M%7
DO CASE
CASE M=2
 IF LYEAR
  DAYS=29
 ELSE
  DAYS=28
 ENDIF
CASE M=7 OR INT(N/2)!=_____
DAYS=31
CASE N%2_____
DAYS=30
ENDCASE
? STR(Y,4)+"年"+IIF(LYEAR,"是","不是")+"闰年, "
? STR(M,2)+'月份有'+STR(DAYS,2)+'天'
SET TALK ON
CANC
ENDDO
```

29. 求出 N×M 整型数组的最大元素及其所在的行坐标及列坐标(如果最大元素不唯一，选择位置在最前面的一个)。

例如，输入的数组如下。

```
*              1   2   3
*              4  15   6
*             12  18   9
*             10  11   2
*
```

求出的最大数为 18，行坐标为 3，列坐标为 2。请在_____上添上适当的内容，使程序完整。

```
SET TALK OFF
clear
dime aa(4,3)
for i=1 to 4
  for j=1 to 3
   input "insert a num:" to aa(i,j)
    endf
endf
max=_____
```

```
row=1
col=1
for i=1 to 4
 for j=1 to 3
   if max<aa(i,j)
   _____
      row=i
      col=j
   endi
  endf
endf
? '最大数为: ', _____
? '行坐标为: ',row
? '列坐标为: ',col
set talk on
canc
```

30. 编写程序，实现矩阵(3 行 3 列)的转置(即行列互换)。例如，输入下面的矩阵。

```
*        1 2 3
*        4 5 6
*        7 8 9
```

程序输出如下。

```
*        1 4 7
*        2 5 8
*        3 6 9
```

请在_____上添上适当的内容，使程序完整。

```
SET TALK OFF
clear
dime a(3,3)
m=1
for i=1 to 3
  for j=1 to 3
   a(i,j)= _____
   _____
  endf
 endf
for i=1 to 3
  for j=1 to 3
    ??_____ ,' '
    endf
  ?
endf
```

五、程序改错题

注意:

不可以增加或删除程序行,也不可以更改程序的结构。错误处在双下划线的下一行,请将正确答案写在双下划线上。

1. 将 XSDB.DBF 表中奖学金超过 60 元的学生姓名和奖学金显示在屏幕上。

```
USE XSDB
_____
IF 奖学金>"60"
DO WHILE .NOT.EOF()
_____
    ?"姓名="+姓名,"奖学金="+奖学金
CONT
ENDDO
USE
```

2. 通过键盘输入一个数 N,计算 $2^{\wedge}2+4^{\wedge}4+\cdots\cdots+N^{\wedge}N$ 的值并显示输出。

```
T=0
I=2
INPUT "N=" to N
_____
DO WHILE .NOT.EOF()
 T=T+I^I
_____
    I=I+T
ENDDO
?"TOTAL=",T
```

3. 通过字符串变量操作先竖向显示"伟大祖国",再横向显示"祖国伟大"。

```
STORE "伟大祖国"TO XY
CLEA
_____
N=0
DO WHILE N<8
  ?SUBS(XY,N,2)
  N=N+2
ENDDO
?
_____
??SUBS(XY,4,4)
??SUBS(XY,1,4)
```

4. 计算并在屏幕上显示出"九九乘法表",显示格式如下。

```
1×1=1
```

```
2×1=2  2×2=4
3×1=3  3×2=6  3×3=9
… …
9×1=9  …  9×8=72  9×9=81

X=1
DO WHILE X<=9
Y=1
_____
DO WHILE Y<=9
??STR(X,1)+"×"+STR(Y,1)+"="+STR(X*Y,2)+" "
Y=Y+1
ENDDO
_____
DISP
X=X+1
ENDDO
```

5. 在 XSDB.DBF 表中统计法律和中文两个系的总人数和奖学金总额。

```
USE XSDB
STORE 0 TO R,S
DO WHILE .T.
_____
IF 系别="法律".AND. 系别="中文"
STORE S+奖学金 TO S
R=R+1
ENDIF
SKIP
_____
IF .NOT.FOUN()
EXIT
ENDIF
ENDDO
? S, R
USE
```

6. 计算 1!+3!+9! 的结果并输出。

```
M=1
S=0
DO WHILE M<=9
 STOR 1 TO I,P
 P=1
_____
 DO WHILE I>M
  P=P*I
  I=I+1
 ENDDO
```

```
  S=S+P
  ─────────────────────────
  M=M+3
 ENDDO
 ? "1!+3!+9!=",S
```

7. 求 X=1+2+3+…+100，并同时求出 1~100 之间的奇数之和 Y，而且显示输出这两个和。

```
CLEAR
STORE 0 TO I , X , Y
─────────────────────────
DO WHILE I<=100
I = I+1
X = X+I
IF I/2 = INT(I/2)
─────────────────────────
 EXIT
ENDIF
Y=Y+I
ENDDO
?X,Y
RETURN
```

8. 从键盘上输入任意一串字符，判断是否回文，如 MUM、456654，MADAM。

```
SET TALK OFF
ACCEPT "A=" TO A
L=LEN(A)
FLAG=1
I=1
─────────────────────────
DO WHILE FLAG=1 OR I<=INT(L/2)
─────────────────────────
 IF SUBS(A,I,1)<>SUBS(A,L-I,1)
  FLAG=0
 ENDIF
 I=I+1
ENDDO
─────────────────────────
IF FLAG=0
 ? "是回文"
ELSE
 ? "不是回文"
ENDIF
CANCEL
```

9. 程序输入两个任意整数，求最小公倍数，并显示输出。

```
SET TALK OFF
```

```
INPUT " X=" TO X
INPUT " Y=" TO Y
MAX=X
IF Y>X
   MAX=Y

ENDFOR
A=MAX
DO WHILE A<=X*Y
   IF INT(A/X)=A/X AND INT(A/Y)=A/Y

 LOOP
   ENDIF
   A=A+MAX
ENDDO

? " 最小公倍数为", X
CANCEL
```

10. 输入两个任意整数，求最大公约数，并显示输出。

```
SET TALK OFF
INPUT "X=" TO X

ACCEPT "Y=" TO Y
IF X>Y
   M=X
 N=Y
ELSE
 M=Y
 N=X

ENDFOR
A=MOD(M,N)

DO WHILE A>=0
 M=N
 N=A
 A=M%N
ENDDO
?N
CANCEL
```

11. 从键盘上输入5个数，统计其中奇数的个数。

```
SET TALK OFF
A=0
FOR J=1 TO 5
```

```
          ACCEPT "请输入第"+STR(J,2)+ "数" TO M
   ┌─────────────────────────────────────────┐
   │  IF INT(M/2)=M/2                        │
   │    A=A+1                                │
   │  ENDIF                                  │
   └─────────────────────────────────────────┘
          ENDFOR
   ┌─────────────────────────────────────────┐
   │  ?奇数个数是,A                           │
   └─────────────────────────────────────────┘
          CANCEL
```

12. 表 XSDA.DBF 结构为: 学号(C, 6), 姓名(C, 6), 性别(C, 2), 入学成绩(N, 6, 2)。本程序实现按学号查找记录, 直到输入"#"为止。

```
        SET TALK OFF
        USE XSDA
   ┌─────────────────────────────────────────┐
   │  ACCEPT "请输入要查找的学号" ON XH       │
   └─────────────────────────────────────────┘
        DO WHILE XH!= "#"
   ┌─────────────────────────────────────────┐
   │    LOCATE FOR 学号="CJ"                 │
   │    IF FOUND()                           │
   │      ?学号,姓名,入学成绩                 │
   │    ELSE                                 │
   │      ? "无此学号"                        │
   │    ENDIF                                │
   │    ACCEPT "请继续输入要查找的学号" TO XH │
   └─────────────────────────────────────────┘
        ENDFOR
        ?"谢谢使用本查找系统!"
        USE
        SET TALK ON
```

13. 以下程序输出如下所示的图形。

```
            !$!
            !$!$!$
            !$!$!
            !$!$!$!$!$

        SET TALK OFF
        I=4
        DO WHILE I<10
   ┌─────────────────────────────────────────┐
   │  IF INT(I/2)=I/2                        │
   │    I=I*2                                │
   │  ELSE                                   │
   │    I=I-1                                │
   │  ENDIF                                  │
   │  FOR J=1 TO I                           │
```

```
  IF J/2=0
    ?? "!"
  ELSE
    ?? "$"

  ENDDO
 ENDFOR
 ?
ENDDO
RETURN
```

14. 表 XSDA.DBF 结构为：学号(C，6)，姓名(C，6)，性别(C，2)，入学成绩(N，6，2)。本程序复制表 XSDA 的记录到表 XS1 中，在表 XS1 中查找入学成绩 550 分以上的同学，将其删除并浏览 XS1 的内容。

```
SET TALK OFF
USE XSDA

COPY STRUCTURE TO XSDA
USE XS1

LOCATE ALL 入学成绩>=550
DO WHILE FOUND()
  DELETE

  LOOP
ENDDO
PACK
BROW
USE
SET TALK ON
```

15. 求 1+5+9+13+…+97 的和。

```
SET TALK OFF
S=0

N=0
DO WHILE N<=97

  S=S+1
  N=N+4

ENDWHILE
? S
SET TALK ON
```

16. 求 2!+4!+6!+…+10!的和。

```
SET TALK OFF
S=0
T=0
FOR N=2 TO 10
  T=T*(T-1)
  IF N%2=0
    S=S+N
  ENDIF
ENDFOR
? S
```

17. 键盘输入 X 值时，求其相应的 Y 值。

$$Y = \begin{cases} -1 & (X<0) \\ 0 & (X=0) \\ 1 & (X>0) \end{cases}$$

```
SET TALK OFF
ACCEPT "请输入一个数: " TO X
DO WHILE
  CASE X<0
    Y=-1
  CASE X=0
    Y=0
  DEFAULT X>0
    Y=1
ENDCASE
? Y
SET TALK OFF
```

18. 从键盘上输入一串汉字，将它逆向输出，并在每个汉字中间加一个"*"号。例如：输入"计算机考试"，应输出"试*考*机*算*计"。

```
SET TALK OFF
ACCEPT TO A
DO N=2 TO LEN(A)
  ?? SUBSTR(A,LEN(A)-N,2)
  IF N#LEN(A)
```

```
    ? "*"
  ENDIF
ENDFOR
SET TALK ON
```

19. 从键盘上输入一个表名,打开该表文件,移动记录指针到文件头,输出当前记录号;再移动记录指针到文件尾,输出当前记录号。

```
SET TALK OFF
ACCEPT TO A
_____
FIND A
GO TOP
_____
NEXT
? RECNO()
GO BOTTOM
_____
NEXT -1
? RECNO()
USE
SET TALK ON
```

20. 该程序完成口令检验功能,输入 3 次不正确则退出。

```
SET TALK OFF
CLEAR
ass1="AbCdEf"
TT=1
DO WHILE TT<4
@10,20 SAY "请输入口令:"
SET CONSOLE OFF
ACCEPT TO ass
SET CONSOLE ON
_____
IF ass1=ass
  CLEAR
  ?"欢迎使用本系统!"
_____
  LOOP
ELSE
_____
  TT=TT-1
  CLEAR
  ?"口令错,按任意键再输入一次!"
  WAIT" "
ENDIF
ENDDO
RETURN
```

3.2 答案

一、选择题

DAACC　CDBCC　ADBAD　CCDDB　CADAB　CBBDC　ACADC
DBCDD　DBDBA　DDDBA　ACCBB　DBAAA　DCACC

二、填空题

1. 全部(或 所有、All)　　2. 逻辑　　3. 1
4. 表达式2　5. 记录指针　6. 字符型　7. 13
8. DO　9. 11　10. 通用型　11. 2
12. 3　13. 2　14. PUBLIC　15. F(或假)
16. NOT　17. OR　18. AND　19. A=0 STORE 0 TO A
20. 内存变量　21. LIST MEMORY 或 DISPLAY MEMORY
22. ESC　23. LOOP　24. 定义　25. 使用
26. 一　27. 二　28. modify command

三、判断题

错对对对错　对错错对错　对错错对错　错对错错错　错错错错对　对对错错错
错对错错对　对错对对错　对错错对对　错对错对错　错错对错对

四、程序填空题

1.

(1) USE XSDB 或 USE XSDB.DBF

(2) LOCATE FOR 或 LOCATE ALL FOR

(3) DISPLAY 或?或 DISPLAY OFF 或 DISP

2.

(1) USE XSDB 或 USE XSDB.DBF

(2) .NOT. EOF()或!EOF()或 NOT EOF()或 EOF() <>.T.或 EOF()!=.T.或 EOF()#.T.

(3) SKIP 或 SKIP 1

3.

(1) MOD(X,2) =0 或 INT (X/2) =X/2 或 X%2=0 或 0=MOD (X,2)或 X/2=INT(X/2)或 0=X%2 或 MOD(X,2) <>1 或 MOD(X,2) #1 或 MOD(X,2)!=1

(2) EXIT 或 QUIT

(3) ENDDO 或 ENDD

4.

(1) .not.eof()或 not eof()或!eof()或 eof()<>.T.或 eof()#.T.或 eof()!=.T.或 not eof()=.T.

(2) OTHERWISE或CASE .NOT.(计算机>=90.AND.英语>=90) .OR. NOT.(计算机>=75.AND.英语>=75)

(3) SKIP 或 SKIP 1

5.

(1) USE XSDB 或 USE XSDB .DBF

(2) SKIP 或 SKIP 1

(3) EXIT 或 QUIT

6.

(1) N<=600 或 N<601 或 600>=N 或 601>N

(2) GS=GS+1 或 GS=1+GS 或 STOR GS+1 TO GS

(3) N= N+1 或 N=1+N 或 STOR N+1 TO N

7.

(1) XM=姓名或 STOR 姓名 TO XM

(2) XM=姓名或 STOR 姓名 TO XM

(3) SKIP 或 SKIP 1

8.

(1) S=0 或 STORE 0 To S

(2) S+2*I 或 2*I+S 或 I*2+S 或 S+I*2 或 S+I+I 或 I+I+S

(3) SQRT(S)

9.

(1) I=1 或 STOR 1 TO I

(2) X<M 或 M>X 或 X<=M 或 M>=X

(3) I=I+1 或 I=1+I 或 STOR I + 1 TO I

10.

(1) LOCA FOR 计算机>=90.AND.英语>=90 或 LOCA FOR 90<=计算机.AND.90<=英语或 LOCA FOR 90<=计算机.AND.英语>=90 或 LOCA FOR 计算机>=90.AND.90<=英语或 LOCA FOR 计算机>=90 AND 英语>=90 或 LOCA FOR 90<=计算机 AND 90<=英语或 LOCA FOR 90<=计算机 AND 英语>=90 或 LOCA FOR 计算机>=90 AND 90<=英语

(2) OTHERWISE 或 CASE .NOT.(系别 = "法律" OR 系别= "英语" OR 系别= "中文")或 CASE .T.或 CASE NOT(系别= '法律' OR 系别= '英语' OR 系别= '中文')或 Case .NOT.(系别= [法律] OR 系别= [英语] OR 系别= [中文])

(3) CONT

11.

(1) MOD (I,2) <>0 或 INT (I,2) <> I/2 或 I%2 <>0 或 MOD (I,2) #0 或 INT (I,2) #I/2 或 I%2 #0 或 MOD (I,2) !=0 或 MOD (I,2) =1 或 MOD(I,2)=1

(2) ELSE

(3) I=I+1 或 I=1+I 或 STOR I + 1 TO I

12.

(1) S=0

(2) I,6

(3) ENDIF

13.

(1) ?

(2) 8-N*2 或 8-2*N

(3) 2*N-M 或 N*2-M

14.

(1) 0 或 2+(N-1)*4 或 2+4*(N-1)或(N-1)*4+2 或 4*(N-1)+2

(2) 18 或 4*(N-5)或(N-5)*4

(3) 5-N 或-N+5

15.

(1) XM2=姓名

(2) XM1

(3) GO 1 或 GO TOP 或 1

16.

(1) INSERT BLANK BEFORE 或 INSE BLAN BEFO

(2) LOCATE 或 LOCA

(3) COUNT

17.

(1) LOCATE 或 LOCA

(2) COPY

(3) COPY STRUCTURE

18.

(1) ?

(2) FOR M=1 TO N

(3) STR(N * M)或 STR (M * N)或 STR(N * M)或 STR(M * N)

19.

(1) USE XSDB 或 USE XSDB .DBF

(2) !EOF()或.NOT. EOF()或 NOT EOF()或 EOF() <> .T.

(3) STOR 奖学金 TO MAX 或 MAX= 奖学金

20.

(1) I<4 或 4>I 或 I <=3 或 3 >=I

(2) ??"*"或??[*]或??'*'

(3) I= I+1 或 I= 1+I 或 STOR I + 1 TO I

21.

(1) s1=0 或 STOR 0 TO s1

(2) 0

(3) s2=s2*I 或 s2=I*s2 或 STOR s2*I TO s2

22.

(1) hb

(2) 100-hb-hm

(3) hs/2

23.

(1) hb

(2) 100-hb-hm

(3) hs/3

24.

(1) STEP 2

(2) I

(3) i^i/t 或 i**i/t 或 (j-1)^(j-1)/t 或 (j-1)**(j-1)/t

25.

(1) exit

(2) .t.

(3) x0

26.

(1) ""或" "或 SPACE(1)或[]或[ ]或''或' '

(2) 2 或 1

(3) SUBS(X,3)或 SUBSTR(X,3)

27.

(1) 编号

(2) B.基本工资 或 B->基本工资

(3) REPL ALL

28.

(1) .F.

(2) 0

(3) 0

29.

(1) aa(1,1)

(2) max=aa(i,j)

(3) max

30.

(1) m

(2) m=m+1

(3) a(j,i)

五、程序改错题

1.
(1)LOCATE FOR 奖学金>60
(2) ?"姓名="+姓名,"奖学金="+ STR (奖学金,4,1)或?"姓名="+姓名,"奖学金="+ STR (奖学金)

2.
(1)DO WHILE I<=N 或 DO WHILE N>=I
(2) I=2+I 或 I= I+2

3.
(1)N=1
(2) ??SUBS(XY, 5,4)

4.
(1)DO WHILE Y<=X 或 DO WHILE X>=Y
(2) ?

5.
(1)IF 系别="法律" .OR. 系别="中文"或 IF 系别="法律" OR 系别="中文"
(2) IF EOF()

6.
(1)DO WHILE I<=M 或 DO WHILE M>=I
(2) M=M*3 或 M=3*M

7.
(1)DO WHILE I <100 或 DO WHILE I <= 99 或 DO WHIL I <100 或 DO WHIL I <= 99
(2) LOOP

8.
(1)DO WHILE FLAG=1 AND I<=INT(L/2)或 DO WHILE FLAG=1 AND INT(L/2)>=I
(2) IF SUBSTR(A,I,1) <> SUBSTR(A,L- I+1 ,1)
(3) IF FLAG= 1

9.
(1)ENDIF 或 ENDI
(2) EXIT
(3) ?"最小公倍数为", A

10.
(1)INPUT "Y=" TO Y 或 INPU "Y=" TO Y
(2) ENDIF 或 ENDI
(3) DO WHILE A > 0 或 DO WHILE 0 < A 或 DO WHILE A>0 或 DO WHILE 0<A

11.

(1) INPUT "请输入第"+STR(J,2)+ "数" TO M 或 INPUT "请输入第"+STR(J,2)+ "数" TO M

(2) IF INT(M/2) <>M/2 或 IF INT(M/2) !=M/2 或 IF MOD(M,2)=1 或 IF(M %2)=1

(3) ? "奇数个数是",A 或? "奇数个数是",STR(A)

12.

(1)ACCEPT "请输入要查找的学号" TO XH

(2) LOCATE FOR 学号= XH 或 LOCA FOR 学号= XH

(3) ENDDO

13.

(1)IF INT(I/2) <> I/2 或 IF INT(I/2)!=I/2

(2) IF J%2=1 或 IF mod(j,2)=1

(3) ENDIF 或 ENDI

14.

(1)COPY TO XS1

(2) LOCATE ALL FOR 入学成绩>=550 或 LOCATE ALL FOR 550 <=入学成绩

(3) CONTINUE

15.

(1)N=1

(2) S= S + N 或 S= N + S

(3) ENDDO 或 ENDD

16.

(1)T=1

(2) T= T * N 或 T= N * T

(3) S= S + T 或 S= T + S

17.

(1)INPUT "请输入一个数:" TO X 或 INPUT "请输入一个数：" TO X 或 INPU "请输入一个数：" TO X

(2) DO CASE

(3) OTHERWISE 或 case x>0

18.

(1)FOR N=2 TO LEN(A) STEP 2

(2) ?? SUBSTR(A,LEN(A)- N + 1 ,2)或?? SUBS(A,LEN(A)- N + 1 ,2)

(3) ?? "*"

19.

(1)USE (A)或 USE &A

(2) SKIP -1

(3) SKIP

20.

(1)IF UPPER(ass1)==UPPER(ass)或 IF UPPER (ass1) == UPPER (ass)

(2) EXIT
(3) TT= TT+1 或 TT=1+TT

第4章 关系数据库标准语言

4.1 习题

一、选择题

1. SQL 的数据操作语句不包括(　　)。
   A. INSERT   B. UPDATE
   C. DELETE   D. CHANGE
2. SQL 语句中条件短语的关键字是(　　)。
   A. WHERE   B. FOR
   C. WHILE   D. CONDITION
3. 要在浏览窗口中显示表 js.dbf 中所有"教授"和"副教授"的记录，下列命令中错误的是(　　)。
   A. USE JS BROWSE FOR　职称="教授"OR 职称="副教授"
   B. SELECT * FROM JS WHERE"教授"$ 职称
   C. SELECT * FROM JS WHERE　职称　IN("教授","副教授")
   D. SELECT * FROM JS WHERE LIKE("*教授","职称")
4. 使用命令建立查询时，若要将查询结果输出到一个临时数据表中，需要选择使用以下哪一个子句(　　)。
   A. INTO ARRAY   B. INTO CURSOR
   C. INTO TABLE   D. TO FILE
5. SQL 语句中修改表结构的命令是(　　)。
   A. MODIFY TABLE   B. MONDIFY STRUCTURE
   C. ALTER TABLE   D. ALTER STRUCTURE
6. SQL 语句中删除表的命令是(　　)。
   A. DROP TABLE   B. DELETE TABLE
   C. ERASE TABLE   D. DELETE DBF
7. 在 SQL 中，建立视图使用命令是(　　)。
   A. CREATE SCHEMA   B. CREATE TABLE
   C. CREATE VIEW   D. CREATE INDEX
8. 不属于数据定义功能的 SQL 语句是(　　)。
   A. CREATE TABLE   B. CREATE CURSOR

C. UPDATE   D. ALTER TABLE

9. 关于 INSERT 语句描述正确的是(   )。
   A. 可以向表中插入若干条记录   B. 在表中任何位置插入一条记录
   C. 在表尾插入一条记录   D. 在表头插入一条记录

10. UPDATE 语句的功能是(   )。
    A. 属于数据定义功能   B. 属于数据查询功能
    C. 可以修改表中某些列的属性   D. 可以修改表中某些列的内容

11. 有关查询设计器，正确的描述是(   )。
    A. "连接"选项卡与 SQL 语句的 GROUP BY
    B. "筛选"选项卡与 SQL 语句的 HAVING 短语对应
    C. "排序依据"选项卡与 SQL 语句的 ORDER BY 短语对应
    D. "分组依据"选项卡与 SQL 语句的 JOIN ON 短语对应

12. 使用 SQL 语句将学生表 S 中年龄(AVG)大于 30 岁的记录删除，正确的是(   )。
    A. DELETE FOR AVG>30
    B. DELETE FROM S WHERE AVG>30
    C. DELETE S FOR AVG>30
    D. DELETE S WHERE AVG>30

13. 在 Visual FoxPro 中，删除数据库表 S 的 SQL 语句是(   )。
    A. DROP TABLE S   B. DELETE TABLE S
    C. DELETE TABLE S.DBF   D. ERASE TABLE S

14. 在 SELECT 查询结果中，消除重复记录的方法是(   )。
    A. 通过指定主键   B. 通过指定位仪索引
    C. 使用 DISTINCT   D. 使用 HAVING 子句

15. 在 Visual FoxPro 中，以下有关 SELECT 语句的叙述中，错误的是(   )。
    A. SELECT 子句中可以包含表中的列和表达式
    B. SELECT 子句中可以使用别名
    C. SELECT 子句规定了结果集的列顺序
    D. SELECT 子句中的列顺序与表中的列顺序一致

二、填空题

1. _____语言是关系型数据库的标准语言。
2. SELECT 命令中，表示条件表达式用 WHERE 子句，分组用_____子句。
3. SQL 的数据操纵语言 DML 分成数据查询和 _____ 两大类。
4. SQL 的数据定义包括建立数据库和_____的结构。
5. SQL 是_____。
6. 查询_____更新数据表中的数据。
7. 查询设计器的"_____"选项卡对应于 SQL 的 GROUP BY 短语和 HAVING 短语。

8. 查询设计器中的"连接"选项卡可以控制＿＿＿＿＿＿选择。

9. 查询设计器中的"字段"选项卡可以控制＿＿＿＿＿＿选择。

10. 查询中的分组依据，是将记录分组，每个组生成查询结果中的＿＿＿＿＿＿条记录。

11. 查询中的筛选条件可以通过SELECT-SQL命令的＿＿＿＿＿＿条件子句来实现。

12. 当创建完查询并存盘后将产生一个扩展名为.qpr文件，它是一个＿＿＿＿＿＿文件。

13. 当前指针在1号记录，要在当前表中第1条记录和第2条记录之间插入一条新记录，可以输入＿＿＿＿＿＿命令。

14. 交叉表查询建立好后，可以在＿＿＿＿＿＿中打开并修改它。

15. 利用查询设计器进行修改查询的命令是＿＿＿＿＿＿。

16. 内部联接是指只有＿＿＿＿＿＿的记录才包含在查询结果中。

17. 如果查询输出的列不是直接来源于表的字段，可以通过定义关于＿＿＿＿＿＿的函数或表达式来实现。

18. 设当前打开的数据表中共有10条记录，当前记录号是5，此时执行INSERT BEFORE BLANK命令后，当前记录号是＿＿＿＿＿＿。

19. 在ORDER BY子句的选择项中，DESC代表＿＿＿＿＿＿输出。

20. 在ORDER BY子句的选择项中，省略ASC时，代表＿＿＿＿＿＿输出。

21. 在SELECT语句中，定义一个区间范围的特殊运算符是BETWEEN，检查一个属性值是否属于一组值中的特殊运算符是＿＿＿＿＿＿。

22. 在SELECT语句中，用＿＿＿＿＿＿子句消除重复出现的记录行。

23. 在SELECT语句中，为了将查询结果存放到数组中应该使用＿＿＿＿＿＿短语。

24. 在SELECT语句中，为了将查询结果存放到文本文件中应该使用＿＿＿＿＿＿短语。

25. 在SELECT命令中，为了去掉查询结果中的重复记录(元组)应包含关键＿＿＿＿＿＿词。

26. 在SQL中，ALTER命令有两个选择项，＿＿＿＿＿＿子命令用于修改列的性质，ADD子命令用于增加列。

27. 在SQL中，测试列值是否为空值用IS NULL运算符号，测试列值是否为非空值用运＿＿＿＿＿＿算符号。

28. 在SQL中，建立唯一索引要用到保留字＿＿＿＿＿＿。

29. 在SQL中，空值用保留字表示＿＿＿＿＿＿，非空值用保留字NOT NULL表示。

30. 在SQL中，用＿＿＿＿＿＿命令可以修改表中的数据，用ALTER命令可以修改表的结构。

31. 在SQL中，用ALTER命令可以修改基本表的结构，用＿＿＿＿＿＿命令可修改基本表中的数据。

32. 在SQL中，用DELETE命令可以从表中删除行，用＿＿＿＿＿＿命令可以从数据库中删除表。

33. 在SQL中，用＿＿＿＿＿＿命令向表中输入数据，用SELECT命令检查和查询表中的内容。

34. 在 SQL 中建立表结构中，可以定义关系完整性规则，用＿＿＿＿指定表的主码，用 FOREIGN KYE...REFERENCES 指定表的外码和参照表。

35. 在 VFP 支持的 SQL 语句中，＿＿＿＿命令可以向表中输入记录，SELECT 命令可以检查和查询表中的内容。

36. 在 VFP 支持的 SQL 语句中，UPDATE 命令可以修改表中数据，＿＿＿＿命令可以修改表的结构。

37. 在查询设计器中，用于编辑联接条件的选项卡是＿＿＿＿。

38. 在查询设计器中，用于指定查询条件的选项卡是＿＿＿＿。

39. 执行＿＿＿＿命令可以打开查询设计器创建查询。

40. 执行查询的命令是＿＿＿＿。

4.2 答案

一、选择题

DAABC　ACCCD　CBACD

二、填空题

1. SQL	2. GROUP BY	3. 数据更新	4. 表
5. 结构化查询语句	6. 不能	7. 分组依据	8. 连接类型
9. 可用字段	10. 1	11. WHERE	12. 查询程序
13. INSERT	14. 查询设计器	15. MODIFY QUERY	
16. 满足联接条件	17. 字段	18. 5	19. 降序
20. 升序	21. IN	22. DISTINCT	23. INTO ARRAY
24. TO FILE	25. DISTINCT T	26. MODIFY	27. EXISTS
28. UNIQUE	29. NULL	30. UPDATE	31. UPDATE
32. DROP	33. INSERT	34. PRIMARY KEY	
35. INSERT	36. ALTER	37. 联接	38. 筛选
39. CREATE QUERY		40. DO QUERY	

第 5 章　表单设计与应用

5.1 习题

一、选择题

1. (　　)数据绑定型控件不可以直接设置其 Control 属性。

　　A. TextBox　　　　　　　　B. ComboBox

C. Grid   D. ListBox
2. Grid 的集合属性和计数属性是(   )。
   A. Columns 和 ColumnCount   B. Forms 和 FormCount
   C. Pages 和 PageCount   D. Controls 和 ControlCount
3. Grid 默认包含的对象是(   )。
   A. Headerv   B. TextBox
   C. Column   D. EditBox
4. Option Group、Button Group 对象的 Value 属性值类型只能是(   )。
   A. N   B. C
   C. D   D. L
5. This 是对(   )的引用。
   A. 当前对象   B. 当前表单
   C. 任意对象   D. 任意表单
6. 按照某种对应关系，下面的描述正确的是(   )。
   A. ThisForm→ThisFormSet→Buttons(i)
   B. ThisFormSet→ThisForm→Buttons(i)
   C. ThisForm→Buttons(i)→ThisFormSet
   D. Buttons(i)→ThisFormSet→ThisForm
7. 标签的前景属性是指(   )。
   A. Backcolor   B. FontBold
   C. Forecolor   D. FontName
8. 标签实质上是一种 (   )。
   A. 一般报表   B. 比较小的报表
   C. 多列布局的特殊报表   D. 单列布局的特殊报表
9. 标签文件的扩展名为(   )。
   A. lbx   B. lbt
   C. prg   D. 以上都不是
10. 不可以作为文本框控件数据来源的是(   )。
    A. 数值型字段   B. 内存变量
    C. 字符型字段   D. 备注型字段
11. 当标签的 BackStyle 属性值为 1 时，表明其背景为(   )。
    A. 不可调   B. 可调
    C. 不透明   D. 透明
12. 当文本框的 BorderStyle 属性为固定单线时，其值应为(   )。
    A. 1   B. 0
    C. 2   D. -1
13. 对列表框的内容进行一次新的选择，将发生(   )事件。

A. Click　　　　　　　　　　　B. WHEN

C. InterActiveChange　　　　　D. GotFocus

14．对数据绑定型控件主要设置其(　　)属性。

A. Control　　　　　　　　　　B. RecordSource

C. RowSourceType　　　　　　 D. ControlSource

15．对于文本框控件来说，指定在一个文本框中显示表中数据的属性是(　　)。

A. ControlSource　　　　　　　B. PasswordChar

C. InputMask　　　　　　　　　D. Value

16．计时器控件的主要属性是(　　)。

A. Enabledv　　　　　　　　　 B. Caption

C. Interval　　　　　　　　　　D. Value

17．决定微调控件最大值的属性是(　　)。

A. Keyboardhighvalue　　　　　B. Value

C. Keyboardlowvalue　　　　　 D. Interval

18．如果要在列表框中一次选择多个项(行)，必须设置(　　)属性为.T.。

A. MultiSelect　　　　　　　　 B. ListItem

C. Controlsv　　　　　　　　　D. Enabled

19．若要使 Command1 上显示"确定"两字，应将其(　　)属性设为"确定"。

A. Name　　　　　　　　　　　B. Caption

C. FontName　　　　　　　　　D. Forecolor

20．设表单中某选项按钮组合包含 3 个选项按钮，现在要求让第二个选项按钮失去作用，应设置(　　)的 Enabled 属性值为.F.。

A. 选项按钮组　　　　　　　　 B. 任一选项按钮

C. 第二个选项按钮　　　　　　 D. 所有选项按钮

21．数据绑定型控件的数据源值被选择或修改后的结果，将动态反馈到该控件的(　　)属性中。

A. Text　　　　　　　　　　　 B. Value

C. RecordSource　　　　　　　 D. Control

22．下列不属于表格控件的属性的是(　　)。

A. Caption　　　　　　　　　　B. ControlSource

C. Columncount　　　　　　　 D. Backcolor

23．下列表单最小化时，会出现在任务栏中的是(　　)。

A. 主表单　　　　　　　　　　 B. 子表单

C. 顶层表单　　　　　　　　　 D. 浮动表单

24．下列各组控件中，全部可以与表中数据绑定的是(　　)。

A. EditBox、Grid、Line　　　　 B. ListBox、Shape、OptionButton

C. Combox、Grid、TextBox　　　D. CheckBox、Separator、EditBox

25．下列关于标签(Label)控件和其他属性的说法中，错误的是(   )。
   A．在设计代码时，应用 name 属性值而不能用 Caption 属性值来引用对象
   B．在同一作用域内两个对象可以有相同的 Caption 属性值，但不能有相同的
      name 属性值
   C．用户在表单或控件对象中，可以分别重新设置 name 和 Caption 属性的值
   D．对于标签控件，按下相应的访问键，将激活该控件，使该控件获得焦点
26．下列控件(   )只能附加到工具栏上，而不能附加到表单上。
   A．Grid   B．Separator
   C．OLE Bound Control   D．PageFrame
27．下列控件不可以直接添加到表单中的是(   )。
   A．命令按钮   B．命令按钮组
   C．选项按钮   D．选项按钮组
28．一般情况下，运行表单时，在产生了表单对象后，将调用表单对象的(   )方法显示表单。
   A．Release   B．Refresh
   C．SetFocus   D．Show
29．与某字段绑定的复选框对象运行时呈灰色显示，说明当前记录对应的字段值为(   )。
   A．0   B．F
   C．NULL   D．" "
30．与设置命令按钮的位置有关的属性是(   )。
   A．Width   B．Height
   C．Top   D．Enabled
31．与文本框的背景色有关的属性是(   )。
   A．Backcolor   B．Forecolor
   C．RGB   D．FontSize
32．运行表单时，可以按(   )键选择表单中的控件，使焦点在控件间移动。
   A．Ctrl   B．Enter
   C．Alt   D．Tab
33．在 Visual Foxpro 中，Top 属性只能接收(   )数据。
   A．字符型   B．数值型
   C．逻辑型   D．日期型
34．在 Visual Foxpro 中，Width 属性只能接收(   )数据。
   A．字符型   B．数值型
   C．逻辑型   D．日期型
35．在 Visual Foxpro 中，当对象、方法、或事件代码在运行过程中产生错误时将引发(   )事件。

A. Load B. Init
C. Destroy D. Error

36. 在 Visual Foxpro 中，如果一个控件的( )属性值为.F.，将不能获得焦点。
    A. Enabled 和 Controlsource B. Enabled 和 Click
    C. Controlsource 和 Click D. Enabled 和 Visible

37. 当表单中 WindowState 的值为 2 时，表示表单运行时窗口是( )。
    A. 最大化 B. 最小化
    C. 普通 D. 隐藏

38. 如果要改变表单的标题，需要设置表单对象的( )属性。
    A. Name B. Caption
    C. BackColor D. BorderStyle

39. 表单保存时会形成扩展名为( )的文件。
    A. .scx B. .sct
    C. .dcx D. .dct

40. 表单的( )方法用来重画表单，而且还能重画表单所包容的对象。
    A. Release B. Refresh
    C. Show D. Hide

41. 表单的 Caption 属性用于( )。
    A. 指定表单执行的程序 B. 指定表单的标题
    C. 指定表单是否可用 D. 指定表单是否可见

42. 表单的单击事件名称是( )。
    A. Click B. Init
    C. Load D. Keypress

43. 表单的数据环境中的表或视图关闭后将激发( )事件。
    A. Destroy B. Error
    C. DeActivate D. AfterCloseTables

44. 表单集被相对引用时的名称是( )。
    A. Form B. ThisForm
    C. ThisFormSet D. FormSet

45. 表单设计器启动后，Visual Foxpro 主窗口上将出现( )。
    A. 表单设计器和属性窗口 B. 表单控件和表单设计工具栏
    C. "表单"菜单 D. 以上答案均正确

46. 对表单控件的访问或引用时是通过( )属性进行的。
    A. Caption B. Font
    C. Name D. Visible

47. 对表单中控件字体大小的设定是通过( )属性设置的。
    A. FontSize B. FontName

C. FontItalic D. FontBold

48．下列哪个命令可以打开表单设计器？（ ）
A. OPEN FORM B. USE FORM
C. DO FORM D. MODIFY FORM

49．要创建一个顶层表单，应将表单的 Show Window 属性设置为( )。
A. 0 B. 1
C. 2 D. 3

50．在 Visual FoxPro 中，表单(Form)是指( )。
A. 数据库中各个表的清单 B. 一个表中各个记录的清单
C. 数据库查询的列表 D. 窗口界面

51．（ ）是面向对象程序设计中程序运行的最基本实体。
A. 类 B. 对象
C. 方法 D. 函数

52．Click 事件在( )时引发。
A. 用鼠标单击对象 B. 用鼠标双击对象
C. 表单对象建立之前 D. 用鼠标右键单击对象

53．Init 事件由( )时引发。
A. 对象从内存中释放 B. 事件代码出现错误
C. 对象生成 D. 方法代码出现错误

54．Show 方法用来将( )。
A. 表单的 Enabled 属性设置为.F. B. 表单的 Visible 属性设置为.F.
C. 表单的 Visible 属性设置为.T. D. 表单的 Enabled 属性设置为.T.

55．单击表单上的关闭按钮(×)将会触发表单的( )事件。
A. Closed B. Unload
C. Release D. Error

56．当某控件对象获得焦点后又失去焦点，将依次激发( )事件。
A. When Valid GotFocus LostFocus B. When GotFocus Valid LostFocus
C. Valid GotFocus When LostFocus D. Valid When GotFocus LostFocus

57．对象 A 的 ParentClass 属性为 P，BassClass 属性为 B，则下列说法中正确的是( )。
A. 对象 A 具有类 P 和 B 的所有属性和方法
B. 对象 A 具有类 P 的部分属性，但必定具有类 B 的所有属性
C. 对象 A 具有类 B 的部分属性，但必定具有类 P 的所有属性
D. 对象 A 具有类 P 或 B 的部分属性

58．对象的( )是指对象可以执行的动作或它的行为。
A. 方法 B. 属性
C. 事件 D. 控件

59．对象的鼠标移动事件名为( )。
   A. MouseUp   B. MouseMove
   C. MouseDown   D. Click

60．对象和类的关系是( )。
   A. 对象是类的实例   B. 类是对象的实例
   C. 对象和类是不相关的两个概念   D. 对象和类是同一个概念

61．对于表单及控件的绝大多数属性，其数据类型通常是固定的。例如，Caption属性接收( )型数据。
   A. 数值型数据   B. 字符型数据
   C. 逻辑型数据   D. 任意数据类型

62．下列关于Visual FoxPro的Init事件的说明正确的是( )。
   A. 当对象产生时引发
   B. 当对象从内存中释放时引发
   C. 当方法或事件代码出现运行错误时引发
   D. 当用户用鼠标单击程序界面上的一个命令按钮时引发

63．控件对象不可能引用表单的( )。
   A. 新属性   B. 新事件
   C. 事件响应代码   D. 新方法

64．容器对象的计数属性和集合属性一般常用于( )结构语句当中。
   A. 单分支   B. 循环
   C. 顺序   D. 多分支

65．若想选中表单中的多个控件对象，可在按住( )键的同时再单击欲选中的控件对象。
   A. Shift   B. Ctrl
   C. Alt   D. Tab

66．若要在一个对象创建前发生某事件，则该事件的代码应编写在( )事件中。
   A. Click   B. Init
   C. Load   D. Keypress

67．若要在一个对象创建之时发生某事件，则该事件的代码应编写在( )事件中。
   A. Click   B. Init
   C. Load   D. Keypress

68．设置表单的宽度利用( )属性。
   A. Left   B. Top
   C. Height   D. Width

69．以下属于非容器类控件的是( )。
   A. Form   B. Label
   C. Page   D. Container

70. 以下属于容器类控件的是（　　）。
    A. Text   B. Form
    C. Label   D. Commandbutton
71. 双击对象时将引发（　　）事件。
    A. Click   B. DblClick
    C. RightClick   D. Gotfocus
72. 有关类、对象、事件，下列说法不正确的是（　　）。
    A. 对象用本身包含的代码来实现操作
    B. 对象是类的实例
    C. 类是一组具有相同结构、操作并遵守相同规则的对象
    D. 事件是一种预先定义好的特定动作，由用户或系统激发
73. 面向对象的程序设计简称 OOP。关于 OOP 的叙述不正确的一项是（　　）。
    A. OOP 以对象及其数据结构为中心
    B. OOP 工作的中心是程序代码的编写
    C. OOP 用"方法"表现处理事件的过程
    D. OOP 用"对象"表现事物，用"类"表示对象的抽象性
74. OOP 是近年来程序设计方法的主流方式。下面这些对于 OOP 的描述错误的是（　　）。
    A. OOP 以对象及数据结构为中心
    B. OOP 用"对象"表现事物，用"类"表示对象的抽象
    C. OOP 用"方法"表现处理事务的过程
    D. OOP 工作的中心是程序代码的编写

二、填空题

1. "表单"菜单在＿＿＿＿＿＿被激活时出现在 Visual FoxPro 主菜单中。
2. 表单 form1 的 name 属性，是指该表单的＿＿＿＿＿＿。
3. 表单备注文件的扩展名为＿＿＿＿＿＿。
4. 表单的数据环境包括了与表单交互作用的表、视图以及它们间的＿＿＿＿＿关系。
5. 表单文件的扩展名为＿＿＿＿＿＿。
6. 表单中的选项按钮组中的选项按钮，其 Value 属性的值为＿＿＿＿＿＿时，表明其处于被选中状态。
7. 表单中的选项按钮组中的选项按钮，其 Value 属性的值为＿＿＿＿＿＿时，表明其处于没被选中状态。
8. 表单中有一个表格控件，其 ColumCount 的值为5，说明该表格有5＿＿＿＿＿＿。
9. 当表单的 Windowstate 取值为0时，代表该表单窗口在运行时为＿＿＿＿＿＿状态。
10. 当表单的 Windowstate 取值为1时，代表该表单窗口在运行时为＿＿＿＿＿＿状态。

11. 当表单的 Windowstate 取值为 2 时，代表该表单窗口在运行时为_____状态。

12. 当表单中的文本控件的 borderstyle 属性值为 0 时，表明其_____边框线。

13. 对于表单中的对象，系统默认的"Tab 键顺序"是对象添加到表单中的_____顺序。

14. 复选框控件的 Value 属性值可以是_____。

15. 将标签控件的 Alignment 属性设置为 0 时，表示文本_____对齐。

16. 将标签控件的 Alignment 属性设置为 1 时，表示文本_____对齐。

17. 将标签控件的 Alignment 属性设置为 2 时，表示文本_____对齐。

18. 决定编辑框滚动条样式的属性是_____。

19. 可以通过表单控件工具栏_____按钮选择一个已经注册的类库。

20. 控件的数据绑定是指将控件与某个_____联系起来。

21. 控件上的"快捷菜单"一般用右击激活，相应的事件名称是_____。

22. 控件是表单中用于显示数据？执行操作或_____的一种对象。

23. 利用_____可以接收、查看和编辑数据，方便、直观地完成数据管理工作。

24. 利用_____中的按钮可以对选定的控件进行居中、对齐等多种操作。

25. 利用 BackColor 属性，可以设置对象的_____。

26. 利用 ForeColor 属性，可以设置对象的_____。

27. 利用表单的 Caption 属性，可以改变表单的_____。

28. 利用表单控件中的 TabIndex 属性可以设置对象的_____键的次序。

29. 利用表单控件中的 Visible 属性可以设置对象是否_____。

30. 命令按钮是_____类。

31. 默认情况下，通过表单向导设计的表单中，出现的定位按钮有_____个移动记录指针的按钮。

32. 如果想在表单上添加多个同类型的控件，则可在选定控件按钮后，单击_____按钮，然后在表单的不同位置单击，就可以添加多个同类型的控件。

33. 如果要为控件设置焦点，则控件的 Enabled 和_____属性必须为.T.。

34. 如果一个表单名为 FRMA，表单的标题为 FORM-A，表单保存为 FORMA，则在命令窗口中运行该表单的命令是_____。

35. 表单控件中的选项按钮组默认有_____个按钮。

36. 若想用一图片作为表单的背景，应在该表单的_____属性中选中图片文件名。

37. 若想在运行表单时单击命令按钮 Command1 时退出，应在该命令按钮的_____事件中编写退出代码。

38. 若要触发命令按钮的 Click 事件，应在运行表单时，_____该命令按钮。

39．若要将 VFP 的表单控件工具栏显示在窗口中，应选择"＿＿＿＿＿"菜单中的表单控件工具栏。

40．若要将表单控件的属性窗口显示出来，应选择"＿＿＿＿＿"菜单中的"属性"。

41．若要取消表单设计器中的网格线，应将"＿＿＿＿＿"菜单中的"网格线"一项取消。

42．若要设置表单中文本框的 Tab 键顺序，应使用该控件的＿＿＿＿＿属性进行设置。

43．若要使表单中的 3 个命令按钮进行底边对齐，应使用"＿＿＿＿＿"菜单中的对齐。

44．若要使命令按钮在运行时不响应用户事件，应将其＿＿＿＿＿属性设置为.F.(无效)。

45．若要修改表单，应在命令窗口中输入＿＿＿＿＿命令。

46．若要在表单设计器中同时选中多个控件，可以按住键盘中的＿＿＿＿＿键，同时单击各控件。

47．若要在表单运行后文本框 Text1 中自动显示出"您好"，应在设计时 Text1 的＿＿＿＿＿属性中输入"您好"。

48．若要在表格的第一列中显示 xsda.dbf 中的姓名的内容，应该在该表格的第一列的 ControlSource 属性中选中＿＿＿＿＿项。

49．若要使文本框中显示的字体为"黑体"字，应将该文本框的＿＿＿＿＿属性设置为黑体。

50．若要使文本框中显示的字体为 18 号字，应将该文本框的＿＿＿＿＿属性设置为 18。

51．设某个表单上仅有 Label、Text 两个对象，且用户没有对它们添加任何事件处理代码，则运行该表单时，＿＿＿＿＿对象肯定先获得焦点。

52．使用表单设计器设计表单时，要对表单添加控件，应打开＿＿＿＿＿工具栏。

53．使用表设计器创建索引，可以对表中字段进行升序索引，也可以进行＿＿＿＿＿索引。

54．使用表设计器创建索引后，若想修改索引类型，应使用＿＿＿＿＿命令修改表的结构。

55．使用排序命令 Sort 能生成＿＿＿＿＿文件。

56．文本框控件的 ControlSource 属性，表示设置与对象绑定的＿＿＿＿＿。

57．无论是否对事件编程，发生某个操作时，相应的事件都会被＿＿＿＿＿。

58．要编辑容器中的对象，必须首先激活容器。激活容器的方法是：右击容器，在弹出的快捷菜单中选定＿＿＿＿＿命令。

59．要使标签(Label)中的文本能够换行，应将＿＿＿＿＿属性设置为.T.。

60．要使表单中表格的数据只能看不能改，应将该表格的_____属性设置为真(.T.)。

61．要想定义标签控件的 Caption 属性值的大小，要先定义标签的_____属性。

62．一个 ComboBox 下拉列表对象中，属性 Enable 的值为_____时，对象才能响应用户引发的事件。

63．一个 TextBox 文本框对象，_____属性的值为.T.时，允许用户编辑文本框用于响应用户引发的事件。

64．域控件是指与字段、内存变量和表达式计算结果链接的_____。

65．在命令窗口中执行_____表单文件名命令，即可打开表单设计器窗口。

66．在使用形状控件画一个椭圆时，该椭圆的 BorderWidth 属性表明了它的_____宽度。

67．子表单_____移出父表单。

68．_____是将数据和处理数据的操作放在一起。对于一个对象，就是将该对象的属性和方法放到单独的一段源代码中。较之传统的面向过程的程序设计中将数据和操作分离的设计方法来，显然更为方便和安全。

69．从 Thisformset.Form1.Pageframe1.ActivePage.Optiongroup1.Value 代码中可以判断至少涉及到了_____个容器对象。

70．对象的 _____就是对象可以执行的动作。

71．对于对象的操作，实质上就是对其属性的操作，体现在对其_____的修改上。

72．建立类可以在类设计器中完成，也可以通过 _____创建类。

73．将内存变量定义为全局变量的 VF 命令是_____。

74．类是对象的集合，它包含了相似的对象特征和行为方法，而_____是类的实例。

75．每个类都可以_____出许多具有最基本方法和数据的对象，然后用户才能通过调用对象本身的方法操纵数据运行。

76．派生的新类，将_____父类的所有属性。

三、判断题

1．表格控件的 ColumnCount 属性的值默认为 2。
2．表格控件的表格列数可以修改，但默认值为-1。
3．表格控件是一种容器对象，它主要是按行和列的形式显示和操作数据。
4．每个对象在系统中都有唯一的对象标识。
5．在"代码"窗口中，只能编写对象的事件和方法程序代码，不能查询对象的事件和方法程序代码。

四、表单设计题

1. 编辑状态(如图 1-a)、运行状态(如图 1-b)。

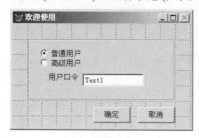 

1-a　设计图　　　　　1-b　运行效果图

(1) 设置

① 设置表单名称为 Form1，标题为"欢迎使用"。

② 设置选项按钮组的名称为 Optiongroup1，选项按钮个数为 2。

设置选项按钮组的选项按钮(Option1)的标题为"普通用户"。

设置选项按钮组的选项按钮(Option2)的标题为"高级用户"。

③ 设置标签(Label1)的标题为"用户口令"。

④ 设置文本框的名称为 Text1，文本显示为"*"。

⑤ 设置命令按钮(Command1)的标题为"确定"，设置命令按钮(Command2)的标题为"取消"。

(2) 要求

① 表单标题为"欢迎使用"。

② 表单内所需控件如图中所示。

③ 文本框控件输入内容显示为"*"。

④ "取消"按钮要有关闭表单功能。

⑤ 表单整体效果美观，比例合适。

2. 编辑状态(如图 2-a)、运行状态(如图 2-b)。

(1) 设置

① 设置表单名称为 Form1，标题为"计算机考试"。

② 设置标签(Label1)的标题为空。

③ 设置命令按钮(Command1)的标题为"刷新"；设置命令按钮(Command2)的标题为"退出"。

(2) 要求

① 表单标题为"计算机考试"。

② 表单内所需控件如图 2-a 中所示，其中标签控件用来显示当前时间，字号为 15。

③ "刷新"按钮具有更新当前时间的功能。

④ "退出"按钮要有关闭表单功能。

⑤ 表单整体效果美观，比例合适。

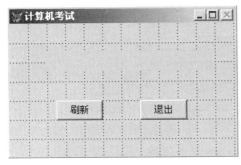　　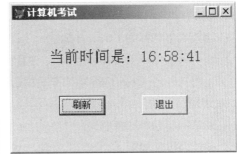

　　2-a　设计图　　　　　　　　　　2-b　运行效果图

3．编辑状态(如图 3-a)、运行状态(如图 3-b)。

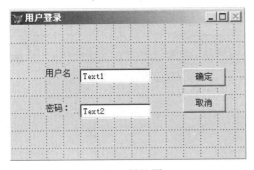　　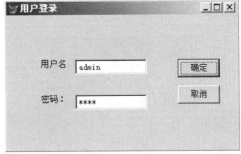

　　3-a　设计图　　　　　　　　　　3-b　运行效果图

(1) 设置

① 设置表单名称为 Form1，标题为"用户登录"。

② 设置标签(Label1)的标题为"用户名"。设置标签(Label2)的标题为"密码："。

③ 设置两个文本框的名称分别为 Text1、Text2，设置文本框(Text2)文本显示为"*"。

④ 设置命令按钮(Command1)的标题为"确定"，设置命令按钮(Command2)的标题为"取消"。

(2) 要求

① 表单标题为"用户登录"。

② 文本框 Text2 输入内容显示为"*"号。

③ 单击"取消"按钮退出表单。

④ 表单整体效果美观，比例合适。

4．编辑状态(如图 4-a)、运行状态(如图 4-b)。

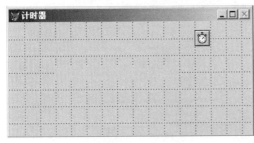　　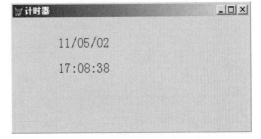

　　4-a　设计图　　　　　　　　　　4-b　运行效果图

(1) 设置

① 设置表单名称为 Form1，标题为"计时器"。

② 设置标签(Label1)的标题为空，设置标签(Label2)的标题为空。

③ 设置计时器(Timer1)的时间间隔(Interval)为 1000。

(2) 要求

① 表单标题为"计时器"。

② 表单内控件如图 4-a 中所示，标签 label1 显示当前日期。

③ 标签 label2 显示当前时间，随系统时间不断变化。

④ 表单整体效果美观，比例合适。

5．编辑状态(如图 5-a)、运行状态(如图 5-b)。

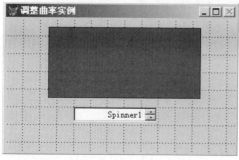
5-a 设计图

5-b 运行效果图

(1) 设置

① 设置表单名称为 Form1，标题为"调整曲率实例"。

② 设置形状控件的名称为 Shape1，背景颜色为红色。

③ 设置微调控件的名称为 Spinner1。调整最小值(SpinnerLowValue)为"0.00"，最大值(SpinnerHighValue)为 99.00。

(2) 要求

① 表单内控件如图 5-a 中所示，表单标题为"调整曲率实例"。

② 微调框调整范围在 0~99 之间。

③ 调整微调框图形 Shape1 的曲率随之变化。

④ 表单整体效果美观，比例合适。

6．编辑状态(如图 6-a)、运行状态(如图 6-b)。

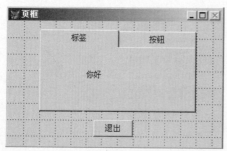
6-a 设计图

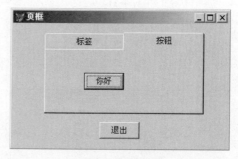
6-b 运行效果图

(1) 设置

① 设置表单名称为 Form1，标题为"页框"。

② 设置页框的名称为 Pageframe1，页数为 2。

设置页框中的页(Page1)的标题为"标签"。

设置页框中的页(Page2)的标题为"按钮"。

并在页框中的页(Page1)中添加一标签(Label1)，并设置标签的标题为"你好"。

并在页框中的页(Page2)中添加一按钮(Command1)，并设置按钮的标题为"你好"。

③ 设置命令按钮(Command1)的标题为"退出"。

(2) 要求

① 表单内控件如图 6-a 中所示，表单标题为"页框"。

② 页框有两个页标签分别为"标签"和"按钮"。

③ 页标签内容如图所示。

④ 单击"退出"按钮退出表单。

⑤ 表单整体效果美观，比例合适。

7．编辑状态(如图 7-a)、运行状态(如图 7-b)。

7-a 设计图

7-b 运行效果图

(1) 设置

① 设置表单名称为 Form1，标题为空。

② 设置标签(Label1)的标题为"姓名"。

③ 设置文本框的名称为 Text1。

④ 设置命令按钮(Command1)的标题为"查找"，按钮(Command2)的标题为"退出"。

(2) 要求

① 表单"最小化"按钮不可用。

② 表单内控件如图中所示：文本框的前景颜色为"红色"。

③ "退出"按钮要具有关闭表单功能。

④ 表单整体效果美观，比例合适。

8．编辑状态(如图 8-a)、运行状态(如图 8-b)。

(1) 设置

① 设置表单名称为 Form1，标题为"季节"。

8-a 设计图   8-b 运行效果图

② 设置列表框的名称为 List1，并输入"春天"、"夏天"、"秋天"、"冬天"。

③ 设置文本框的名称为 Text1。

(2) 要求

① 表单中控件如图所示，当在列表框中改变选项时，文本框中的值也相应改变。

② 文本框中的字体为"隶书"、"粗体"，字号为 14。

③ 表单整体效果美观，比例合适。

9. 编辑状态(如图 9-a)、运行状态(如图 9-b)。

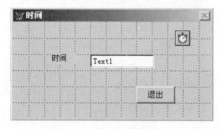

9-a 设计图   9-b 运行效果图

(1) 设置

① 设置表单名称为 Form1，标题为"时间"。

② 设置标签(Label1)的标题为"时间"。

③ 设置文本框的名称为 Text1。

④ 设置计时器(Timer1)的时间间隔(Interval)为 1000。

⑤ 设置命令按钮(Command1)的标题为"退出"。

(2) 要求

① 表单没有"最大化"和"最小化"按钮。

② 表单内的控件如图 9-a 中所示，文本框中显示当前系统时间，每 1 秒钟刷新 1 次。

③ "退出"按钮要具有关闭表单功能。

④ 表单整体效果美观，比例合适。

10. 编辑状态(如图 10-a)、运行状态(如图 10-b)。

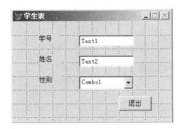 

10-a　设计图　　　　　10-b　运行效果图

① 设置表单名称为 Form1，标题为"学生表"。

② 设置标签(Label1)的标题为"学号"。设置标签(Label2)的标题为"姓名"。设置标签(Label3)的标题为"性别"。

③ 分别设置两个文本框的名称为 Text1，Text2。

④ 设置组合框(Combo1)的内容为"男"、"女"。

⑤ 设置命令按钮(Command1)的标题为"退出"。

11．编辑状态(如图 11-a)、运行状态(如图 11-b)。

11-a　设计图　　　　　11-b　运行效果图

① 设置表单名称为 Form1。

② 在窗体内添加 3 个 Label 控件，名称分别为 Label1、Label2、Label3。

添加 1 个 TextBox 控件，名称为 Text1。

添加 1 个 CommandButton 控件，名称为 Command1。

添加 1 个 ListBox 控件，名称为 List1。

③ 设置 Label1 的标题为"按系别查找学生记录"，字体为：隶书加粗、18 号字。

设置 Label2 的标题为"输入系别："，字体为：宋体、12 号字。

设置 Label3 的标题为"学生记录："，字体为：宋体、12 号字。

12．编辑状态(如图 12-a)、运行状态(如图 12-b)。

12-a　设计图　　　　　12-b　运行效果图

① 设置表单名称为Form1。

② 在窗体内添加 2 个 Label 控件，名称分别为 Label1、Label2。

添加 1 个 CommandButton 控件，名称为 Command1。

添加 1 个 ListBox 控件，名称为 List1。

③ 设置 Label1 的标题为："单击'开始'按钮，可以求出从 2000 年到 2100 年之间的所有闰年，并显示在列表框中。"，字体为宋体、12 号字。设置 Label2 的标题为"闰年如下："，字体为：隶书加粗、14 号字。

13．编辑状态(如图 13-a)、运行状态(如图 13-b)。

13-a　设计图　　　　　　　　　　　13-b　运行效果图

① 设置表单名称为Form1。

② 在窗体内添加 2 个 Label 控件，名称分别为 Label1、Label2。

添加 1 个 TextBox 控件，名称为：Text1。

添加 1 个 CommandButton 控件，名称为 Command1。

添加 1 个 ListBox 控件，名称为 List1。

③ 设置 Label1 的标签标题为"输入除数将 1 到 100 之间被该数整除的数在列表框输出"，字体为：幼圆、12 号字。

设置 Label2 的标题为"输入除数："，字体为：宋体、12 号字。

14．编辑状态(如图 14-a)、运行状态(如图 14-b)。

① 设置表单名称为Form1，表单运行时不能最大化。

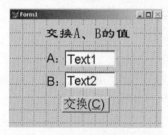   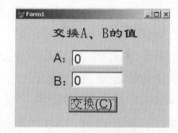

14-a　设计图　　　　　　　　　14-b　运行效果图

② 在窗体内添加 3 个 Label 控件，名称分别为 Label1、Label2、Label3。

添加 2 个 TextBox 控件，名称分别为 Text1、Text2。

添加 1 个 CommandButton 控件，名称为 Command1。

③ 设置 Label1 的标题为"交换 A、B 的值"，字体为：隶书、20 号字。

设置 Label2 的标题为"A："，字体为宋体、18 号字。

设置 Label3 的标题为"B："，字体为宋体、18 号字。

15．编辑状态(如图 15-a)、运行状态(如图 15-b)。

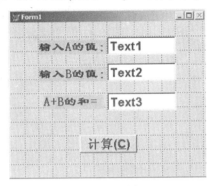 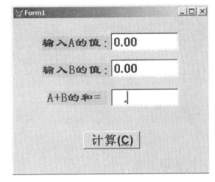

15-a　设计图　　　　　　　　15-b　运行效果图

① 设置表单名称为 Form1。
② 在窗体内添加 3 个 Label 控件，名称分别为 Label1、Label2、Label3。
添加 3 个 TextBox 控件，名称分别为 Text1、Text2、Text3。
添加 1 个 CommandButton 控件，名称为 Command1。
③ 设置 Label1 的标签标题为"输入 A 的值："，字体为隶书、加粗、16 号字。
设置 Label2 的标签标题为"输入 B 的值："，字体为隶书、加粗、16 号字。
设置 Label3 的标签标题为"A+B 的和="，字体为隶书、加粗、16 号字。

16．编辑状态(如图 16-a)、运行状态(如图 16-b)。
① 设置表单名称为 Form1。
② 在窗体内添加 3 个 Label 控件，名称分别为 Label1、Label2、Label3。
添加 2 个 TextBox 控件，名称分别为 Text1、Text2。
添加 1 个 CommandButton 控件，名称为 Command1。

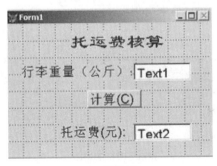 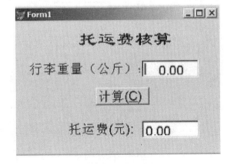

16-a　设计图　　　　　　　　16-b　运行效果图

③ 设置 Label1 的标签标题为"行李重量(公斤)："，字体为：宋体、14 号字。
设置 Label2 的标签标题为"托运费(元)："，字体为：宋体、14 号字。
设置 Label3 的标签标题为"托运费核算"，字体为：隶书、20 号字。

17．编辑状态(如图 17-a)、运行状态(如图 17-b)。

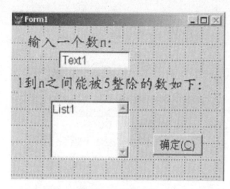

17-a 设计图　　　　　　　　17-b 运行效果图

① 设置表单名称为Form1。
② 在窗体内添加2个Label控件，名称分别为Label1、Label2。
添加1个TextBox控件，名称为Text1。
添加1个ListBox控件，名称为List1。
添加1个CommandButton控件，名称为Command1。
③ 设置Label1的标签标题为"输入一个数n："，字体为：楷体、16号字。
设置Label2的标签标题为"1到n之间能被5整除的数如下："，字体为：楷体、16号字。

18．编辑状态(如图18-a)、运行状态(如图18-b)。

① 设置表单名称为Form1。
② 在窗体内添加3个Label控件，名称分别为Label1、Label2、Label3。
添加3个TextBox控件，名称分别为Text1、Text2、Text3。
添加1个CommandButton控件，名称为Command1。

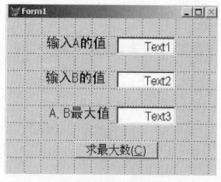
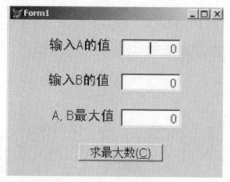

18-a 设计图　　　　　　　　18-b 运行效果图

③ 设置Label1的标签标题为"输入A的值"，字体为：黑体、14号字。
设置Label2的标签标题为"输入B的值"，字体为：黑体、14号字。
设置Label3的标签标题为"A,B最大值"，字体为：黑体、14号字。

19．编辑状态(如图19-a)、运行状态(如图19-b)。

19-a 设计图　　　　　　　　19-b 运行效果图

① 设置表单名称为 Form1。
② 在窗体内添加 4 个 Label 控件，名称分别为 Label1、Label2、Label3、Label4。
添加 3 个 TextBox 控件，名称分别为 Text1、Text2、Text3。
添加 1 个 CommandButton 控件，名称为 Command1。
③ 设置 Label1 的标签标题为"最高分学生信息"，字体为：黑体、14 号字。
设置 Label2 的标签标题为"学生姓名："，字体为：宋体、12 号字。
设置 Label3 的标签标题为"总分："，字体为：宋体、12 号字。
设置 Label4 的标签标题为"所在院系："，字体为：宋体、12 号字。

20．编辑状态(如图 20-a)、运行状态(如图 20-b)。
① 控件属性美观大方即可。
② 微调控件初始值为 16，最小值为 9，最大值为 32。
③ 标签中字体大小为 16，大小设置为自动，背景为不透明。
④ 编写代码实现如下功能：要求复选按钮可以实现对标签中字形的设置，单选按钮组可以实现对字体的设置，微调控件可以设置字号。

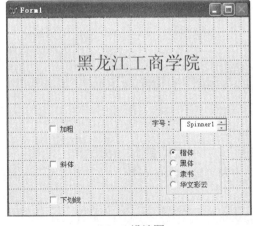 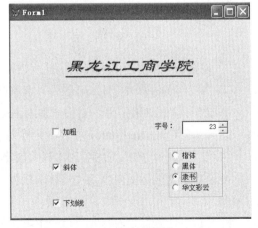

20-a 设计图　　　　　　　　20-b 运行效果图

21．编辑状态(如图 21-a)、运行状态(如图 21-b)。

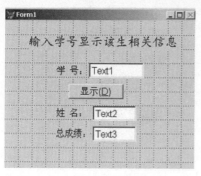 

21-a 设计图　　　　　　　　　21-b 运行效果图

① 设置表单名称为 Form1。

② 在窗体内添加 4 个 Label 控件，名称分别为 Label1、Label2、Label3、Label4。

添加 3 个 TextBox 控件，名称分别为 Text1、Text2、Text3。

添加 1 个 CommandButton 控件，名称为 Command1。

③ 设置 Label1 的标签标题为"输入学号显示该生相关信息"，字体为：楷体、14 号字。

设置 Label2 的标签标题为"学号："，字体为：宋体、12 号字。

设置 Label3 的标签标题为"姓名："，字体为：宋体、12 号字。

设置 Label4 的标签标题为"总成绩："，字体为：宋体、12 号字。

22．编辑状态(如图 22-a)、运行状态(如图 22-b)。

 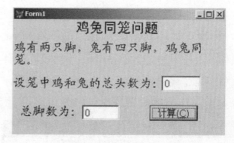

22-a 设计图　　　　　　　　　22-b 运行效果图

① 设置表单名称为 Form1，标题为 Form1。

② 在窗体内添加 4 个 Label 控件，名称分别为 Label1、Label2、Label3、Label4。

添加 2 个 TextBox 控件，名称分别为 Text1、Text2。

添加 1 个 CommandButton 控件，名称为 Command1。

③ 设置 Label1 的标签内容为"鸡兔同笼问题"，字体为：黑体、16 号字。

设置 Label2 的标签内容为"鸡有两只脚，兔有四只脚，鸡兔同笼。"，字体为：楷体、16 号字。

设置 Label3 的标签内容为"设笼中鸡和兔的总头数为："，字体为：楷体、16 号字。

设置 Label4 的标签内容为"总脚数为："，字体为：楷体、16 号字。

23．编辑状态(如图 23-a)、运行状态(如图 23-b)。

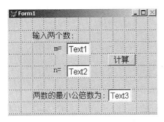 

23-a 设计图　　　　　　　23-b 运行效果图

① 设置表单名称为 Form1，标题为 Form1。
② 在窗体内添加 4 个 Label 控件，名称分别为 Label1、Label2、Label3、Label4。
添加 3 个 TextBox 控件，名称分别为 Text1、Text2、Text3。
添加 1 个 CommandButton 控件，名称为 Command1。
③ 设置 Label1 的标签标题为"输入两个数："，字体为：幼圆、12 号字。
设置 Label2 的标签标题为"m="，字体为：宋体、12 号字。
设置 Label3 的标签标题为"n="，字体为：宋体、12 号字。
设置 Label4 的标签标题为"两数的最小公倍数为："，字体为：宋体、12 号字。

24. 编辑状态(如图 24-a)、运行状态(如图 24-b)。

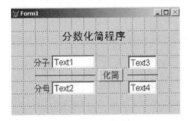 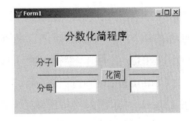

24-a 设计图　　　　　　　24-b 运行效果图

① 设置表单名称为 Form1，标题为 Form1。
② 在窗体内添加 3 个 Label 控件，名称分别为 Label1、Label2、Label3。
添加 4 个 TextBox 控件，名称分别为 Text1、Text2、Text3、Text4。
添加 1 个 CommandButton 控件，名称为 Command1。
添加 2 个 Line 控件，名称为 Line1、Line2。
③ 设置 Label1 的标签内容为"分数化简程序"，字体为：黑体、16 号字。
设置 Label2 的标签内容为"分子"，字体为：宋体、12 号字。
设置 Label3 的标签内容为"分母"，字体为：宋体、12 号字。

25. 编辑状态(如图 25-a)、运行状态(如图 25-b)。

25-a 设计图　　　　　　　25-b 运行效果图

① 设置表单名称为Form1，标题为Form1。
② 在窗体内添加4个Label控件，名称分别为Label1、Label2、Label3、Label4。
添加2个TextBox控件，名称分别为Text1、Text2。
添加2个CommandButton控件，名称为Command1、Command2。
③ 设置Label1的标签标题为"按条件浏览记录"，字体为：黑体、14号字。
设置Label2的标签标题为"条件1："，字体为：宋体、12号字。
设置Label3的标签标题为"条件2："，字体为：宋体、12号字。
设置Label4的标签标题为"条件1、2之间的逻辑关系是："，字体为：宋体、12号字。

26. 编辑状态(如图26-a)、运行状态(如图26-b)。

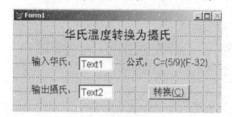 

26-a 设计图　　　　　　　　　26-b 运行效果图

① 设置表单名称为Form1，标题为Form1。
② 在窗体内添加4个Label控件，名称分别为Label1、Label2、Label3、Label4。
添加2个TextBox控件，名称分别为Text1、Text2。
添加1个CommandButton控件，名称为Command1。
③ 设置Label1的标题为"华氏温度转换为摄氏"，字体为：黑体、16号字。
设置Label2的标题为"输入华氏："，字体为：宋体、12号字。
设置Label3的标题为"输出摄氏："，字体为：宋体、12号字。
设置Label4的标题为"公式：C=(5/9)(F-32)"，字体为：宋体、12号字。

27. 编辑状态(如图27-a)、运行状态(如图27-b)。

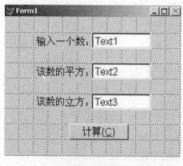 

27-a 设计图　　　　　　　　　27-b 运行效果图

① 设置表单名称为Form1，标题为Form1。
② 在窗体内添加3个Label控件，名称分别为Label1、Label2、Label3。
添加3个TextBox控件，名称分别为Text1、Text2、Text3。
添加1个CommandButton控件，名称为Command1。

③ 设置 Label1 的标题为"输入一个数:",字体为:宋体、12 号字。
设置 Label2 的标题为"该数的平方:",字体为:宋体、12 号字。
设置 Label3 的标题为"该数的立方:",字体为:宋体、12 号字。
28. 编辑状态(如图 28-a)、运行状态(如图 28-b)。

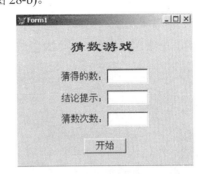

28-a　设计图　　　　28-b　运行效果图

① 设置表单名称为 Form1,标题为 Form1。
② 在窗体内添加 4 个 Label 控件,名称分别为 Label1、Label2、Label3、Label4。
添加 3 个 TextBox 控件,名称分别为 Text1、Text2、Text3。
添加 1 个 CommandButton 控件,名称为 Command1。
③ 设置 Label1 的标题为"猜数游戏",字体为:隶书、20 号字。
设置 Label2 的标题为"猜得的数:",字体为:宋体、12 号字。
设置 Label3 的标题为"结论提示:",字体为:宋体、12 号字。
设置 Label4 的标题为"猜数次数:",字体为:宋体、12 号字。
29. 编辑状态(如图 29-a)、运行状态(如图 29-b)。

29-a　设计图　　　　29-b　运行效果图

(1) 设置
① 设置表单名称为 Form1,标题为"颜色调整"。
② 设置标签(Label1)的背景色为白色,标题为空。
设置标签(Label2)的标题为"红"。
设置标签(Label3)的标题为"绿"。
设置标签(Label4)的标题为"蓝"。
③ 设置微调控件(Spinner1)的背景色为红色

设置微调控件(Spinner2)的背景色为绿色。

设置微调控件(Spinner3)的背景色为蓝色。

(2) 要求

① 3 个微调控件的调整范围都是在 0~255 之间，默认值都是 255。

② 表单整体效果美观，比例合适。

30．编辑状态(如图 30-a)、运行状态(如图 30-b)。

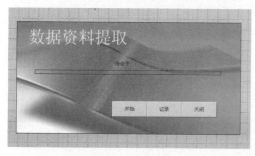 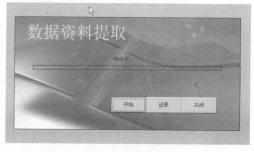

30-a　设计图　　　　　　　　　　30-b　运行效果图

① 设置表单名称为 Form1，标题为 Form1，背景色为"灰色"(基本颜色第 6 行第 6 列)。

② 设置图像控件的名称为 Image1，图形文件任选。

③ 设置标签控件的名称为 Label1，标题为"数据资料提取"，前景色为"白色" (基本颜色第 6 行第 8 列)，背景为"透明"，字体为 30 号字。

④ 设置容器控件的名称为 Container1，背景为"透明"，边框宽度为 0。

⑤ 在容器控件 Container1 中添加一个容器控件和一个标签控件。

设置容器控件的名称为 Container2，背景为"透明"，"平面"效果。

设置标签控件的名称为 Label2，标题为"待命中..."，背景为"透明"，显示位置居中。

⑥ 添加 3 个命令按钮控件，名称分别为 Command1、Command2、Command3。

设置命令按钮 Command1 的标题为"开始"。

设置命令按钮 Command2 的标题为"记录"。

设置命令按钮 Command3 的标题为"关闭"。

31．编辑状态(如图 31-a)、运行状态(如图 31-b)。

 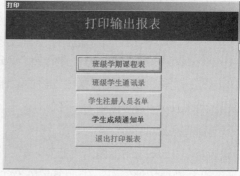

31-a　设计图　　　　　　　　　　31-b　运行效果图

① 设置表单名称为 Form1，标题为"打印"。

② 设置标签控件的名称为 Label1，标题为"打印输出报表"，前景色为"青色"(基本颜色第 1 行第 5 列)，字体为 20 号字，背景为透明。

③ 设置形状控件的名称为 Shape1，背景色为"褐色"(基本颜色第 5 行第 1 列)。

④ 设置命令按钮组的名称为 Commandgroup1，添加 5 个命令按钮 Command1、Command2、Command3、Command4、Command5。

设置命令按钮(Command1)的标题为"班级学期课程表"，前景色"紫色"(基本颜色第 4 行第 8 列)，字体为"粗体"、11 号字。

设置命令按钮(Command2)的标题为"班级学生通讯录"，前景色"棕色"(基本颜色第 5 行第 2 列)，字体为"粗体"、11 号字。

设置命令按钮(Command3)的标题为"学生注册人员名单"，前景色"红色"(基本颜色第 2 行第 1 列)，字体为"粗体"、11 号字。

设置命令按钮(Command4)的标题为"学生成绩通知单"，前景色"蓝色"(基本颜色第 4 行第 5 列)，字体为"粗体"、11 号字。

设置命令按钮(Command5)的标题为"退出打印报表"，前景色"粉色"(基本颜色为第 3 行第 8 列)，字体为"粗体"、11 号字。

32．编辑状态(如图 32-a)、运行状态(如图 32-b)。

32-a　设计图

32-b　运行效果图

① 设置表单名称为 Form1，标题为 Form1。

② 在窗体内添加 3 个 Label 控件，名称分别为 Label1、Label2、Label3。

添加 3 个 TextBox 控件，名称分别为 Text1、Text2、Text3。

添加 1 个 CommandButton 控件，名称为 Command1。

③ 设置标签 Label1 的标题为"输入一个字符串："，字体为：宋体、12 号字。
设置标签 Label2 的标题为"大小写字母个数："，字体为：宋体、12 号字。
设置标签 Label3 的标题为"其他字符个数为："，字体为：宋体、12 号字。

33．编辑状态(如图 33-a)、运行状态(如图 33-b)。

33-a　设计图　　　　　　　　33-b　运行效果图

① 设置表单名称为 Form1，标题为 Form1。
② 设置标签(Label1)的标题为"请输入文本内容"。
③ 设置标签(Label2)的标题为"请选择字体"。
④ 设置文本框控件的名称为 Text1。
⑤ 设置选项按钮组的名称为 Optiongroup1。
设置选项按钮组中的按钮(Option1)的标题为"宋体"，16 号字体。
设置选项按钮组中的按钮(Option2)的标题为"隶书"，16 号字体。
设置选项按钮组中的按钮(Option3)的标题为"黑体"，16 号字体。
设置选项按钮组中的按钮(Option4)的标题为"楷体"，16 号字体。

34．编辑状态(如图 34-a)、运行状态(如图 34-b)。

34-a　设计图　　　　　　　　34-b　运行效果图

(1) 设置

① 设置表单名称为 Form1，标题为"排行榜"。
② 设置标签控件 Label1 的标题为"排 行 榜"，前景色为"蓝色"(基本颜色第 4 行第 5 列)，字体为"楷体"、"粗体"、18 号字。
③ 设置标签控件 Label2 的标题为"1 2 3 4 5 6 7 8 9"，前景色为"蓝色"(基本颜色第 4 行第 5 列)，字体为"粗体"、15 号字。

④ 设置选项按钮组的名称为 Optiongroup1，边框颜色为"蓝色"(基本颜色第 4 行第 5 列)，效果为"平面"，它包含 3 个选项按钮：Option1、Option2、Option3。

设置选项按钮(Option1)的标题为"周排行"，前景色为"蓝色"(基本颜色第 4 行第 5 列)。

设置选项按钮(Option2)的标题为"月排行"，前景色为"蓝色"(基本颜色第 4 行第 5 列)。

设置选项按钮(Option3)的标题为"季排行"，前景色为"蓝色"(基本颜色第 4 行第 5 列)。

⑤ 设置表格控件 Grid1 的表头前景色和单元格分隔线的颜色都是"蓝色"(基本颜色第 4 行第 5 列)。

⑥ 添加形状控件 Shape1 作为表格控件 Grid1 的边框。设置它的边框颜色为"蓝色"(基本颜色第 4 行第 5 列)，背景为"透明"，效果为"平面"。

(2) 要求

① 标签控件 Lable2 沿纵向扩展。

② 表格控件 Grid1 包含 4 列，从左到右表头标题为"歌名"、"歌手"、"作词"、"作曲"，不显示删除标记列，不显示记录选择器类。

③ 表单不能最大化。

④ 表单整体效果美观，比例合适。

35．编辑状态(如图 35-a)、运行状态(如图 35-b)。

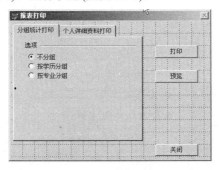

35-a 设计图

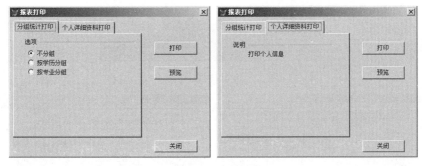

35-b 运行效果图

(1) 设置

① 设置表单名称为 DY，标题为"报表打印"。

② 设置页框控件 Pageframe1 包含两个页控件：Page1 和 Page2。

③ 设置页控件 Page1 的标题为"分组统计打印"。

在页控件 Page1 中添加标签控件 Lable1、线条控件 Line1、选项按钮组控件 Optiongroup1。

设置标签控件 Label1 的标题为"选项"。

在选项组控件 Optiongroup1 内添加 3 个选项控件：Option1、Option2、Option3。

设置选项控件 Option1 的标题为"不分组"。

设置选项控件 Option2 的标题为"按学历分组"。

设置选项控件 Option3 的标题为"按专业分组"。

④ 设置页控件 Page2 的标题为"个人详细资料打印"。

在页控件 Page2 内添加标签控件 Lable2、Lable3、线条控件 Line2。

设置标签控件 Label2 的标题为"说明"。

设置标签控件 Label3 的标题为"打印个人信息"。

⑤ 设置命令按钮 Command1 的标题为"打印"。

⑥ 设置命令按钮 Command2 的标题为"预览"。

⑦ 设置命令按钮 Command3 的标题为"关闭"。

(2) 要求

① 单击"关闭"按钮退出表单。

② 表单整体效果美观，比例合适。

36. 编辑状态(如图 36-a)、运行状态(如图 36-b)。

36-a　设计图

36-b　运行效果图

(1) 设置

① 设置表单名称为 Form1，标题为 Form1。

② 设置标签控件的名称为 Label1，标题为"显示所选择表文件记录"，字体为"隶书"、20 号字。

③ 设置选项按钮组的名称为 Optiongroup1，包含 3 个选项按钮，名称分别为 Option1、Option2、Option3。

设置选项按钮 Option1 的标题为"学生表"。

设置选项按钮 Option2 的标题为"教师表"。

设置选项按钮 Option3 的标题为"课程表"。

④ 添加 3 个表格控件，名称分别为 Grid1、Grid2、Grid3，都只有垂直滚动条。

表格控件 Grid1 包含 3 列，表头标题从左到右为"学号"、"姓名"、"班级"，单元格分隔线为"绿色"(基本颜色第 2 行第 4 列)。

表格控件 Grid2 包含 2 列，表头标题从左到右为"姓名"、"课程"，单元格分隔线为"蓝色"(基本颜色第 1 行第 6 列)，当前状态为"不可见"。

表格控件 Grid3 包含 3 列，表头标题从左到右为"教师"、"班级"、"课程"。单元格分隔线为"橙色"(基本颜色为第 3 行第 2 列)，当前状态为"不可见"。

(2) 要求

① 单击 Option1(学生表)，显示表格"Grid1"，其他表格不显示。

② 单击 Option2(教师表)，显示表格"Grid2"，其他表格不显示。

③ 单击 Option3(课程表)，显示表格"Grid3"，其他表格不显示。

④ 单击"退出"按钮退出表单。

⑤ 表单整体效果美观，比例合适。

37．编辑状态(如图 37-a)、运行状态(如图 37-b)。

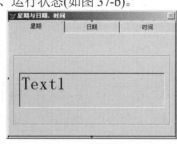

37-a　设计图

37-b　运行效果图

① 设置表单名称为 Form1，标题为"星期与日期、时间"。
② 设置页框控件的名称为 Pageframe1，它包含 3 个页对象，分别是 Page1、Page2、Page3。
设置页对象 Page1 的标题为"星期"，包含两个控件：Shape1、Text1。
设置页对象 Page2 的标题为"日期"，包含两个控件：Shape2、Text2。
设置页对象 Page3 的标题为"时间"，包含 3 个控件：Shape3、Text3、Timer1。
③ 设置 3 个形状控件 Shape1、Shape2、Shape3 的效果为"三维"。
④ 设置 3 个文本框控件 Text1、Text2、Text3 的字体为 28 号字。
⑤ 设置计时器的时间间隔为 1000 毫秒。

38．编辑状态(如图 38-a)、运行状态(如图 38-b)。
① 控件属性美观大方即可。
② 编写代码：要求单击"开始"按钮后，文本框中出现 3 个随机的 10 以内的整数，如果有任何一个整数为 7，标签中则显示"赢"，否则显示"输"，如果当 3 个文本框中的数字全部为 7 时，显示"恭喜您，获得胜利"。

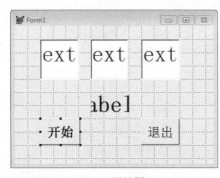
38-a 设计图

38-b 运行效果图

5.2 答案

一、选择题

CABAA　BCCAD　CACDA　CAABC　BACCD　BCDCC　AABBD
DABAB　BADCD　CADCD　BACCB　BAABA　BACBA　CBDBB　BABD

二、填空题

1．表单设计器　　2．名称　　　　3．SC　　　　　4．临时
5．SCX　　　　　6．1　　　　　7．0　　　　　　8．列
9．普通　　　　　10．最小化　　　11．最大化　　　12．无或没有
13．物理　　　　14．1 0 NULL 或 1 0　　　　　　15．左
16．右　　　　　17．居中　　　　18．ScrollBars　19．查看类
20．数据源　　　21．RightClick　22．装饰表单　　23．表单
24．布局工具栏　25．背景颜色　　26．前景颜色　　27．标题

28．Tab	29．可见	30．Command Button	31．4
32．按钮锁定	33．Visible	34．Do Form FORMA	35．2 或二或两
36．Picture	37．Click	38．单击	39．显示
40．显示	41．显示	42．Tab Index	43．格式
44．Enabled	45．Modify Form	46．Shift	47．Value
48．Xsda.姓名	49．FontName	50．FontSize	51．Text
52．表单控件	53．降序	54．Modify Structure 或 modi stru	
55．表或数据表	56．数据源	57．激活	58．编辑
59．WordWrap	60．ReadOnly	61．FontSize	62．T
63．Enabled	64．文本框	65．CREATE FORM	66．边框
67．不能	68．封装	69．5	70．方法
71．数据	72．命令	73．PUBLIC	74．对象
75．实例化	76．继承		

三、判断题

错对对对错

四、表单设计题

答案：(略)

第 6 章　查询与视图

6.1　习题

一、选择题

1. 视图设计器中比查询设计器中多出的选项卡是(　　)。
   A. 字段　　　　　　　　　　B. 排序依据
   C. 连接　　　　　　　　　　D. 更新条件
2. 视图文件不能单独存在，它是(　　)的一部分。
   A. 视图　　　　　　　　　　B. 数据库
   C. 数据库表　　　　　　　　D. 查询
3. 修改本地视图的命令是(　　)。
   A. CREATE SQL VIEW　　　　B. MODIFY VIEW
   C. RENAME VIEW　　　　　　D. DELETE VIEW
4. 下列说法中，正确的是(　　)。
   A. 在数据库中，可以包含表、视图、查询以及表间永久关系

B. 可以通过修改视图中的数据来更新数据源中的数据，查询也可以
C. 查询和视图都是用 SELECT…SQL 语言实现的，都要数据表作为数据源
D. 视图虽然具备了一般数据表的特征，它本身不是表

5. 下列说法中错误的是(　　)。
   A. 视图是数据库的一个组成部分
   B. 视图中的源数据表也称为"基表"
   C. 视图设计器只比查询设计器多一个"更新条件"选项卡
   D. 远程视图使用 Visual FoxPro 的 SQL 语句从 Visual FoxPro 视图或表中选择信息

6. 下列说法中正确的是(　　)。
   A. 视图文件的扩展名是.vcx
   B. 查询文件中保存的是查询结果
   C. 查询设计器本质上是 SELECT 命令的可视化设计方法
   D. 查询是基于表且可更新的数据集合

7. 在"添加表和视图"窗口中，"其他"按钮的作用是让用户选择(　　)。
   A. 数据库表   B. 视图
   C. 不属于数据库的表   D. 查询

8. 下列(　　)子句可以实现分组结果的筛选条件。
   A. GROUP BY   B. HAVING
   C. WHERE   D. ORDER

9. 视图与基表的关系是(　　)。
   A. 视图随基表的打开而打开   B. 基表随视图的关闭而关闭
   C. 基表随视图的打开而打开   D. 视图随基表的关闭而关闭

10. 创建一个参数化视图时，应在"筛选"对话框的"实例"文本框中输入(　　)。
    A. *参数名   B. ?参数名
    C. !参数名   D. 参数名

11. 在 Visual Foxpro 中，数据环境(　　)。
    A. 可以包含与表单有联系的表和视图以及表之间的关系
    B. 不可以包含与表单有联系的表和视图以及表之间的关系
    C. 可以包含与表有联系的表和视图及表单之间的关系
    D. 可以包含与视图有联系的表及表单之间的关系

12. 如果要在屏幕上直接看到查询结果，"查询去向"应选择(　　)。
    A. 屏幕   B. 浏览
    C. 浏览或屏幕   D. 临时表

13. 在查询设计器的"字段"选项卡中设置字段时，如果要将"可用字段"框中的所有字段一次移到"选定字段"框中，可单击(　　)按钮。
    A. 添加   B. 全部添加
    C. 移去   D. 全部移去

14. 查询去向中没有( )。
    A. 屏幕   B. 浏览
    C. 图形   D. 列表框

15. 查询设计器和视图设计器的主要不同表现在于( )。
    A. 查询设计器有"更新条件"选项卡，没有"查询去向"选项
    B. 查询设计器没有"更新条件"选项卡，有"查询去向"选项
    C. 视图设计器没有"更新条件"选项卡，有"查询去向"选项
    D. 视图设计器有"更新条件"选项上，也有"查询去向"选项

16. 查询设计器中的"筛选"选项卡用来( )。
    A. 编辑联接条件   B. 指定查询条件
    C. 指定排序属性   D. 指定是否要重复记录

17. 查询设计器中的"杂项"选项卡用于( )。
    A. 编辑联接条件
    B. 指定是否要重复记录及列在前面的记录等
    C. 指定查询条件
    D. 指定要查询的数据

18. 查询设计器中的选项卡依次为( )。
    A. 字段、联接、筛选、排序依据、分组依据
    B. 字段、联接、排序依据、分组依据、杂项
    C. 字段、联接、筛选、排序依据、分组依据、更新条件、杂项
    D. 字段、联接、筛选、排序依据、分组依据、杂项

19. 查询设计器的选项卡中没有( )。
    A. 字段   B. 杂项
    C. 筛选   D. 分类

20. 下列创建查询文件的方法中，不正确的一项是( )。
    A. 单击"文件"菜单中的"新建"命令，选择"查询"，单击"新建文件"按钮
    B. 执行 CREATE QUERY 命令打开查询设计器创建查询
    C. 用 MODIFY QUERY 命令打开一个已有的查询文件
    D. 执行 OPEN QUERY 命令打开查询设计器创建查询

21. 下列打开查询设计器的命令是( )。
    A. OPEN QUERY   B. OPEN VIEW
    C. CREATE QUERY   D. MODIFY QUERY

22. 下列关于查询的说法，不正确的一项是( )。
    A. 查询是 Visual Foxpro 支持的一种数据库对象
    B. 查询就是预先定义好的一个 SQL SELECT 语句
    C. 查询是从指定的表中提取满足条件的记录，然后按照想得到的输出类型定向输出查询结果
    D. 查询就是一种表文件

23．下列关于查询的说法正确的一项是(　　)。

　　A．查询文件的扩展名为.qpx

　　B．不能基于自由表创建查询

　　C．根据数据库或自由表或视图可以建立查询

　　D．不能基于视图创建查询

24．下列关于查询的说法中错误的是(　　)。

　　A．利用查询设计器可以查询表的内容

　　B．利用查询设计器不能完成数据的统计运算

　　C．利用查询设计器可以进行有关表数据的统计运算

　　D．查询设计器的查询去向可以是图形

25．下列运行查询的方法中，不正确的一项是(　　)。

　　A．打开项目管理器中的"数据"选项卡，选择要运行的查询，单击"运行"按钮

　　B．单击"查询"菜单中的"运行查询"命令

　　C．按 Ctrl+D

　　D．执行 DO <查询文件名>命令

26．以下关于查询的叙述，正确的是(　　)。

　　A．不能根据自由表建立查询　　　　B．只能根据自由表建立查询

　　C．只能根据数据库表建立查询　　　D．可以根据数据库表和自由表建立查询

27．在查询设计器中，可以指定是否重复记录的是(　　)选项卡。

　　A．字段　　　　　　　　　　　　　B．杂项

　　C．联接　　　　　　　　　　　　　D．筛选

28．在查询设计器中可以定义的"查询去向"默认为(　　)。

　　A．浏览　　　　　　　　　　　　　B．图形

　　C．临时表　　　　　　　　　　　　D．标签

二、填空题

　　1．视图和查询都可以对_____表进行操作。

　　2．视图可以在数据库设计器中打开，也可以用 USE 命令打开，但在使用 USE 命令打开视图之前，必须打开包含该视图的_____。

　　3．视图设计器的"排序依据"选项卡对应于 SQL 的_____短语，用于指定排序的字段和排序方式。

　　4．视图设计器和查询设计器的界面很相像，其中_____选项卡是视图设计器中的选项卡在查询设计器中没有的。

　　5．由多个本地数据表创建的视图，应当称为_____。

　　6．可用视图_____修改原数据表中的数据。

　　7．由多个远程数据表创建的视图，应当称为_____。

6.2 答案

一、选择题

DBBAD　CCBCB　ACBDA　BBDDD　CDCBC　DBA

二、填空题

1. 本地　　　2. 数据库　　　3. ORDER BY　　　4. 更新条件
5. 本地视图　6. 更新功能　　7. 远程视图

第7章　报表

7.1 习题

一、选择题

1. 报表的输出命令是(　　)。
   A. CREATE REPORT　　　　B. REPO FORM
   C. MODI REPORT　　　　　D. SET REPORT
2. 报表控件有(　　)。
   A. 标签　　　　　　　　　B. 预览
   C. 数据源　　　　　　　　D. 布局
3. 报表设计器中不包含在基本带区的有(　　)。
   A. 标题　　　　　　　　　B. 页标头
   C. 页脚注　　　　　　　　D. 细节
4. 报表是按照(　　)处理数据的。
   A. 数据源中记录出现的顺序　B. 主索引
   C. 人的愿望　　　　　　　D. 逻辑顺序
5. 报表文件的扩展名是(　　)。
   A. RPT　　　　　　　　　B. FRX
   C. REP　　　　　　　　　D. RPX
6. 不能作为报表数据源的是(　　)。
   A. 数据库表　　　　　　　B. 视图
   C. 查询　　　　　　　　　D. 自由表
7. 定义一个报表后，会产生的文件有(　　)。
   A. 报表文件(.FRX)
   B. 报表备注文件(.FRT)
   C. 报表文件(.FRX)和报表备注文件(.FRT)

D. 看情况而定

8. 使用"快速报表"时需要确定字段和字段布局，默认将包含(　　)。
    A. 第一个字段　　　　　　　　　　B. 前3个字段
    C. 空(即不包含字段)　　　　　　　D. 全部字段

9. 为了在报表中加入一个表达式，应该插入一个(　　)。
    A. 表达式控件　　　　　　　　　　B. 域控件
    C. 标签控件　　　　　　　　　　　D. 文本控件

10. 为了在报表中加入一个文字说明，应该插入一个(　　)。
    A. 表达式控件　　　　　　　　　　B. 域控件
    C. 标签控件　　　　　　　　　　　D. 文本控件

11. 预览报表的命令是(　　)。
    A. PREVIEW REPORT　　　　　　　　B. REPORT FORM…PREVIEW
    C. PRINT REPORT…PREVIEW　　　　　D. REPORT…PREVIEW

12. 打印报表的命令是(　　)。
    A. REPORT FORM　　　　　　　　　B. PRINT REPORT
    C. DO REPORT　　　　　　　　　　D. RUN REPORT

13. Visual FoxPro 的报表文件(.FRX)中保存的是(　　)。
    A. 打印报表的预览格式　　　　　　B. 打印报表本身
    C. 报表的格式和数据　　　　　　　D. 报表设计格式的定义

14. 如果报表中的数据需要排序或分组，应在(　　)中进行相应的设置。
    A. 报表的数据源　　　　　　　　　B. 库表
    C. 视图或查询　　　　　　　　　　D. 自由表

15. 使用报表带区可对数据在报表中的(　　)进行控制。
    A. 位置和字体　　　　　　　　　　B. 次数和格式
    C. 位置和次数　　　　　　　　　　D. 字体和格式

二、填空题

1. ＿＿＿＿＿＿报表上的任意控件，系统将会显示一个对话框，用于设置选项。

2. 报表标题要通过＿＿＿＿＿＿控件定义。

3. 报表可以在打印机上输出，也可以通过＿＿＿＿＿＿浏览。

4. 报表设计器在＿＿＿＿＿＿菜单和快捷菜单中都提供了报表预览功能，使用户可以在屏幕上观察报表的设计效果，具有所见即所得的特点。

5. 报表中＿＿＿＿＿＿加入图片。

6. 创建报表有＿＿＿＿＿＿种方法。

7. 创建分组报表需要按＿＿＿＿＿＿进行索引或排序，否则不能保证正确分组。

8. 定义报表布局主要包括设置报表页面，设置＿＿＿＿＿＿中的数据位置，调整报表带区大小等。

9. 定义报表的因素有：＿＿＿＿＿＿、报表的布局。

10．定制报表控件时，可使用"格式"菜单中的_____命令对控件进行字体属性的设置。

11．使用"快速报表"创建报表，仅需_____和设定报表布局。

12．使用_____创建报表比较灵活，不但可以设计报表布局，规划数据在页面上的打印位置，而且可以添加各种控件。

13．首次启动报表设计器时，报表布局中只有3个带区，它们是页标头、_____和页注脚。

14．为了保证分组报表中数据的正确，报表数据源中的数据应该事先按照某种顺序索引或_____。

15．在 Visual FoxPro 的报表中最多允许_____层分组。

7.2 答案

一、选择题

BAAAB　CCDBC　BADAC

二、填空题

1．双击　　　2．标签　　　3．屏幕　　　4．显示
5．允许　　　6．2　　　　7．分组表达式　8．带区
9．报表数据源　10．字体　　11．选取字段　12．报表设计器
13．细节　　　14．排序　　15．20

第8章　菜单设计

8.1 习题

一、选择题

1．Visual FoxPro 系统菜单是一个典型的菜单系统，其主菜单是一个(　　)。
　　A．弹出式菜单　　　　　　　　B．条形菜单
　　C．下拉式菜单　　　　　　　　D．级联菜单

2．Visual FoxPro 支持(　　)两种类型的菜单。
　　A．条形菜单和弹出式菜单　　　B．条形菜单和下拉式菜单
　　C．快捷菜单和弹出式菜单　　　D．快捷菜单和下拉式菜单

3．如果要在上、下级菜单之间进行切换，可在菜单设计器窗口中的(　　)下拉列表中选择。
　　A．菜单级　　　　　　　　　　B．菜单项

C. 插入　　　　　　　　　　　　D. 插入栏

4. 有一个菜单文件 main.mnx，要运行该菜单的方法是(　　)。
   A. 命令 DO mm.mnx
   B. 命令 DO MENU mm.mnx
   C. 生成菜单程序文件 mm.mpr，再执行命令 DO mm.mpr
   D. 生成菜单程序文件 mm.mpr，再执行命令 DO MENU mm.mnx

5. 当利用"文件"菜单中的"打开"命令打开菜单时，命令窗口中将显示(　　)命令。
   A. DO MENU<文件名>　　　　　B. OPEN MENU<文件名>
   C. CREATE MENU<文件名>　　　D. MODIFY MENU<文件名>

6. 将一个预览成功的菜单存盘，再运行该菜单，却不能执行，这是因为(　　)。
   A. 没有放到项目中　　　　　　B. 没有生成
   C. 要用命令方式　　　　　　　D. 要编入程序

7. 要创建快速菜单，应当(　　)。
   A. 用热键　　　　　　　　　　B. 用快捷键
   C. 用事件　　　　　　　　　　D. 用菜单

8. 在 Visual FoxPro 中，条形菜单本身的内部名字为(　　)。
   A. _MSM_FILE　　　　　　　　 B. _MVIEW
   C. _MSM_WINDOW　　　　　　　D. _MSYSMENU

9. 如果要将一个 SDI 菜单附加到一个表单中，则(　　)。
   A. 表单必须是 SDI 表单，并在表单的 Load 事件中调用菜单程序
   B. 表单必须是 SDI 表单，并在表单的 Init 事件中调用菜单程序
   C. 只需在表单的 Load 事件中调用菜单程序
   D. 只需在表单的 Init 事件中调用菜单程序

10. 设计菜单要完成的最终操作是(　　)。
    A. 创建主菜单及子菜单　　　　B. 指定各菜单任务
    C. 浏览菜单　　　　　　　　　D. 生成菜单程序

11. 所谓快速菜单是(　　)。
    A. 基于 Visual FoxPro 主菜单，添加用户所需的菜单项
    B. 快速菜单的运行速度较快
    C. 可以为菜单项指定快速访问的方式
    D. "快捷菜单"的另一种说法

12. 用菜单设计器设计好的菜单保存后，其生成的文件扩展名为(　　)。
    A. .scx 和.sct　　　　　　　　B. .mnx 和.mnt
    C. .frx 和.frt　　　　　　　　D. .pjx 和.pjt

13. 用下列(　　)命令，可以启动菜单设计器。

A. OPEN MENU　　　　　　　　B. USE MENU
C. CREATE MENU　　　　　　　D. DO MENU

14．当在菜单设计器中设计完菜单项后，要选择"菜单"中的(　　)。
A．运行　　　　　　　　　　　B．编译
C．生成　　　　　　　　　　　D．调试

15．典型的菜单系统一般是一个(　　)。
A．条形菜单　　　　　　　　　B．快捷式菜单
C．下拉式菜单　　　　　　　　D．主菜单

二、填空题

1．Visual FoxPro 支持两种类型的菜单，分别为_____和弹出式菜单。

2．菜单程序组装在项目管理器_____中。

3．菜单设计器窗口中的_____组合框可用于上、下级菜单之间的切换。

4．菜单设计器的两个功能是为顶层表单设计_____和通过定制 Visual FoxPro 系统菜单建立应用程序的下拉式菜单。

5．恢复 Visual FoxPro 系统菜单的命令是_____。

6．如果要将某个弹出式菜单作为一个对象的快捷菜单，通常在选定对象的_____事件代码中设置调用菜单程序的命令。

7．如果用菜单设计器修改一个已有菜单，可以从_____菜单中选择"打开"命令，打开一个菜单定义文件，打开菜单设计器窗口。

8．如果用菜单设计器修改一个已有菜单，可以从"文件"菜单中选择打开命令，打开一个扩展名为_____的菜单源文件。

9．如果用菜单设计器修改一个已有菜单，可以从"文件"菜单中选择"打开"命令，打开一个菜单定义文件，打开_____窗口。

10．设置启用或废止菜单项是通过菜单设计器中的_____来实现的。

11．在菜单设计器窗口中，要为菜单项定义快捷键，可利用_____对话框。

12．在利用菜单设计器设计菜单时，当某菜单项对应的任务需要由多条命令才能完成时，应利用_____选项添加多条命令。

13．在命令窗口中执行_____菜单文件名命令可以启动菜单设计器。

14．在设计菜单时可使用分隔线将内容相关的菜单项分隔成组，为了这个目的可以在空的"菜单名称"栏中输入符号_____创建一条分隔线。

8.2　答案

一、选择题

BAACD　BDDBD　ABCCC

二、填空题

1. 条形菜单　　2. 其他页卡　　3. 菜单级　　4. 下拉式菜单
5. Set menu to default　　6. Right Click　　7. 文件
8. 打开　　9. mnx　　10. 选项按钮　　11. 提示选项
12. 过程　　13. MODIFY MENU　　14. "—"

第 9 章　项目管理器

9.1　习题

一、选择题

1. "项目管理器"的"数据"选项卡用于显示和管理(　　)。
   A. 数据库、自由表和查询
   B. 数据库、视图和查询
   C. 数据库、自由表、查询和视图
   D. 数据库、表单和查询
2. "项目管理器"的"文档"选项卡用于显示和管理(　　)。
   A. 表单、报表和查询　　　　B. 数据库、表单和报表
   C. 查询、报表和视图　　　　D. 表单、报表和标签
3. 打开 Visual FoxPro "项目管理器"的"文档"选项卡,其中包括(　　)。
   A. 表单文件　　　　　　　　B. 报表文件
   C. 标签文件　　　　　　　　D. 以上 3 种文件
4. 下面关于项目及项目中的文件的叙述,不正确的一项是(　　)。
   A. 项目中的文件是项目的一部分,永远不可分开
   B. 项目中的文件不是项目的一部分
   C. 项目中的文件是独立存在的
   D. 项目中的文件表示该文件与项目建立了一种关系
5. 不能够作为应用程序系统中的主程序的是(　　)。
   A. 表单　　　　　　　　　　B. 菜单
   C. 数据表　　　　　　　　　D. 程序
6. 打开一个已有项目文件的命令是(　　)。
   A. OPEN PROJECT　　　　　　B. MODIFY PROJECT
   C. USE PROJECT　　　　　　 D. EDIT PROJECT
7. 将项目文件中的数据表移出后,该数据表被(　　)。
   A. 移出项目　　　　　　　　B. 逻辑删除

C. 移出数据库　　　　　　　D. 物理删除

8. 扩展名为.PRG 的程序文件在"项目管理器"的(　　)选项卡中。
   A. 数据　　　　　　　　　B. 文档
   C. 代码　　　　　　　　　D. 其他

9. 通过项目管理器窗口的按钮不可以完成的操作是(　　)。
   A. 新建文件　　　　　　　B. 添加文件
   C. 删除文件　　　　　　　D. 为文件重命名

10. 下列关于应用程序生成器的描述中，正确的是(　　)。
    A. 利用应用程序生成器，可以在应用程序中创建数据库，表等组件
    B. 利用应用程序生成器，可以在应用程序中添加数据库、表等组件
    C. 利用应用程序生成器，可以不用编写代码就能写出所有的应用程序
    D. 以上均不正确

11. 下列在"项目管理器"中移去数据库文件的操作方法正确的是(　　)。
    A. 选定文件，单击"项目"菜单中的"移去文件"命令
    B. 选定文件，单击"项目管理器"上的"移去"命令
    C. 选定文件，按 Delete 键
    D. A、B、C 均正确

12. 项目管理器的功能是组织和管理与项目有关的各种类型的(　　)。
    A. 文件　　　　　　　　　B. 字段
    C. 程序　　　　　　　　　D. 数据表

13. 项目管理器中移去文件是指(　　)。
    A. 将文件从磁盘上彻底删除
    B. 将文件从项目中移去
    C. 移去文件后再也不能恢复
    D. 移去文件与删除文件相同

14. 在项目管理器的哪个选项卡下管理报表？(　　)。
    A. "报表"选项卡　　　　　B. "程序"选项卡
    C. "文档"选项卡　　　　　D. "其他"选项卡

15. 在项目管理器的哪个选项卡下管理菜单？(　　)
    A. "菜单"选项卡　　　　　B. "文档"选项卡
    C. "其他"选项卡　　　　　D. "代码"选项卡

二、填空题

1. 利用项目管理器上的_____按钮或"项目"菜单中的"新建文件"命令创建的文件会自动包含在项目中，而从"文件"菜单中创建的文件则不会自动包含在项目中。

2. 连编可执行文件，要使用_____。

3. 项目管理器_____将系统的各个组件组装在一起。

4．项目管理器通过项目文件来对项目进行管理，项目文件的扩展名为＿＿＿＿＿＿＿＿。

5．要打开项目管理器，如同建立或打开其他文件一样，可以执行"文件"菜单中的"新建"命令或"打开"命令，也可以在命令窗口中执行＿＿＿＿＿＿＿＿命令。

9.2 答案

一、选择题

CDDAC　BACCB　DABCC

二、填空题

1．新建　　2．项目管理器　　3．可以　　4．PJX 或.PJX　　5．MODIFY PROJECT

第三部分　Visual FoxPro上机测试样卷

Visual FoxPro 上机测试样卷 A

一、填空题(每题1分，共计5分)

〖第1题〗数据库表的字段名称最长可达【　　】个字符。

〖第2题〗要切换至未被占用的最小号工作区应执行【　　】命令。

〖第3题〗数据库文件是由.dbc、.dct和【　　】这3个文件所构成。

〖第4题〗在 DO WHILE … ENDDO 循环结构中，用于跳出本次循环任务，使重新判断进入下一轮循环的命令是【　　】。

〖第5题〗自由表的索引类型可以有普通索引、唯一索引和【　　】索引。

二、判断题(正确答Y，错误答N，每题1分，共计5分)

〖第1题〗将指针指向表文件中第一条记录的命令可以用 GO TOP。〖答案：【　　】〗

〖第2题〗设表文件中有8条记录，且已打开，当BOF()为真时，recno()的返回值为1。〖答案：【　　】〗

〖第3题〗设表中有10条记录，当EOF()为真时，说明记录指向了表中最后一条记录。〖答案：【　　】〗

〖第4题〗在"文件"下拉菜单中单击"退出"命令可关闭Visual FoxPro。〖答案：【　　】〗

〖第5题〗如果根据一个逻辑型字段来创建一个递增次序的索引，则逻辑真值.T.将排列在前，而逻辑非.F.将排列在后。〖答案：【　　】〗

三、单项选择题(每题1分，共计20分)

〖第1题〗执行命令 DIMENSION A(100)后，A(1)的值是(　　)。

　　A. .F.　　　　　　　　　　B. 0
　　C. .T.　　　　　　　　　　D. 空值

〖第2题〗对数据表的结构进行操作，是在(　　)环境下完成的。

　　A. 表设计器　　　　　　　　B. 表向导

C. 表浏览器　　　　　　　　　D. 表编辑器

〖第3题〗用于实现对数据库进行各种数据操作的软件称为(　　)。

A. 数据软件　　　　　　　　　B. 操作系统
C. 数据库管理系统　　　　　　D. 编译程序

〖第4题〗下列表达式中，是逻辑型常量的是(　　)。

A. .Y　　　　　　　　　　　　B. .N
C. NOT　　　　　　　　　　　 D. .F.

〖第5题〗以下赋值语句正确的是(　　)。

A. STORE 8 TO X, Y　　　　　 B. STORE 8, 9TO X, Y
C. X=8, Y=9　　　　　　　　　D. X, Y=8

〖第6题〗使用 MODIFY DATABASE 命令打开数据库设计器时，如果指定了 NOEDIT 选项，则表示(　　)。

A. 只是打开数据库设计器，禁止对数据库进行修改
B. 打开数据库设计器，并可以对数据库进行修改
C. 在数据库设计器打开后程序继续执行
D. 打开数据库设计器后，应用程序会暂停

〖第7题〗在关系数据库中，实现"表中任意两行不能相同"的约束是靠(　　)。

A. 外码　　　　　　　　　　　B. 属性
C. 主码　　　　　　　　　　　D. 列

〖第8题〗两个没有公共属性的关系作自然连接等价于它们作(　　)。

A. 并　　　　　　　　　　　　B. 交
C. 差　　　　　　　　　　　　D. 乘

〖第9题〗描述控件文字的粗体、叙体、下划线、删除线样式的属性分别是(　　)。

A. FontBold，FontItalic，FontUnderLine，FontStrikeThru
B. FontItalic，FontUnderLine，FontBold，FontStrikeThru
C. FontUnderLine，FontBold，FontItalic，FontStrikeThru
D. FontStrikeThru，FontBold，FontItalic，FontUnderLine

〖第10题〗存储一个日期时间型数据需要(　　)个字节。

A. 1　　　　　　　　　　　　 B. 4
C. 8　　　　　　　　　　　　 D. 10

〖第11题〗当前表中有4个数值型字段：高等数学、英语、计算机网络和总分。其中，高等数学、英语、计算机网络的成绩均已录入，总分字段为空。要将所有学生的总分自动计算出来并填入总分段中，使用命令(　　)。

A. REPL 总分 WITH 高等数学+英语+计算机网络
B. REPL 总分 WITH 高等数学，英语，计算机网络
C. REPL 总分 WITH 高等数学+英语+计算机网络 ALL
D. REPL 总分 WITH 高等数学+英语+计算机网络 FOR ALL

〖第12题〗保存程序的快捷键为( )。
   A. Ctrl+W   B. Shift+W
   C. Ctrl+S   D. Shift+S

〖第13题〗两个日期型数据相减后,得到的结果为( )型数据。
   A. C   B. N
   C. D   D. L

〖第14题〗表单的Caption属性用于( )。
   A. 指定表单执行的程序   B. 指定表单的标题
   C. 指定表单是否可用   D. 指定表单是否可见

〖第15题〗Visual FoxPro在进行字符型数据的比较时,有两种比较方式,系统默认的是( )比较方式。
   A. 完全比较   B. 精确比较
   C. 不能比较   D. 模糊比较

〖第16题〗假定X为N型变量,Y为C型变量,则下列选项中符合FoxPro语法要求的表达式是( )。
   A. NOT.X>=Y   B. Y^2>10
   C. X.001   D. Str(X)-Y

〖第17题〗创建表结构的命令是( )。
   A. ALTER TABLE   B. DROP TABLE
   C. CREATE TABLE   D. CREATE INDEX

〖第18题〗LOOP和EXIT是下面程序结构的任选子句( )。
   A. PROCEDURE   B. DO WHILE…ENDDO
   C. IF…ENDIF   D. DO CASE…ENDCASE

〖第19题〗DBAS指的是( )。
   A. 数据库管理系统   B. 数据库系统
   C. 数据库应用系统   D. 数据库服务系统

〖第20题〗下列字段名中不合法的是( )。
   A. 姓名   B. 3的倍数
   C. abs_7   D. UF1

四、程序填空题(每题5分,共计20分)

〖第1题〗

```
*------------------------------------------------
*题目:表RSDA.DBF结构为:姓名(C,6);性别(C,2),年龄(N,2),出生日期(D,8)。*
判断表中是否有"李明",并查询此人的性别及年龄,确定参加运动会的项目。
*请在【 】处添上适当的内容,使程序完整。
*------------------------------------------------
SET TALK OFF
USE RSDA
```

```
**********SPACE**********
  【      】 FOR 姓名= "李明"
**********SPACE**********
IF .NOT. 【      】
  DO CASE
     CASE 性别= "男"
     ?"请参加爬山比赛"
     CASE 年龄<=50
     ? "请参加投篮比赛"
     CASE 年龄<=60
     ? "请参加老年迪斯科比赛"
**********SPACE**********
     【      】
ELSE
  ? "查无此人"
  BROWSE
ENDIF
USE
SET TALK ON
RETURN
```

〖第2题〗

```
*----------------------------------------------------------
*题目：通过循环程序输出图形：
*
  *   *
  *  * *
  *  *  *
  *  *    *
  *  *      *
  *  *    *
  *  *  *
  *  * *
  *   *
*请在【 】处添上适当的内容，使程序完整。
*----------------------------------------------------------
SET TALK OFF
CLEAR
FOR N=1 TO 9
 IF N<=5
**********SPACE**********
    M1=【      】
 ELSE
**********SPACE**********
    M1=【      】
 ENDIF
 ?
```

```
**********SPACE**********
 FOR M=1 TO ABS(【        】)
  ?? " "
 ENDFOR
 FOR M=1 TO ABS(M1-2*N+1)
    IF M=1 OR M=ABS(M1-2*N+1)
       ?? "*"
    ELSE
       ?? " "
    ENDIF
 ENDFOR
ENDFOR
SET TALK OFF
```

〖第 3 题〗

```
*-------------------------------------------------------------------
*题目：以下程序通过键盘输入 4 个数字，找出其中最小的数。
*请在【 】处添上适当的内容，使程序完整。
*-------------------------------------------------------------------
SET TALK OFF
**********SPACE**********
【        】
INPUT "请输入第一个数字" TO X
M=X
DO WHILE I<=3
     INPUT "请输入数字" TO X
**********SPACE**********
     IF 【        】
         M=X
     ENDIF
**********SPACE**********
【        】
ENDDO
? "最小的数是",M
SET TALK ON
```

〖第 4 题〗

```
*-------------------------------------------------------------------
*题目:在 XSDB.DBF 数据表中查找学生"王迪"，如果找到，则显示：学号、姓名、英语、生年
月日，否则提示"查无此人！"。
*    请在【 】处添上适当的内容，使程序完整。
*-------------------------------------------------------------------
**********SPACE**********
【        】
XM="王迪"
**********SPACE**********
【        】姓名=XM
```

```
    IF FOUN()
    ***********SPACE**********
    【          】学号,姓名,英语,生年月日
    ELSE
      ? "查无此人!"
    ENDIF
    USE
    RETURN
```

五、程序改错题(每题 5 分,共计 20 分)

〖第 1 题〗

```
    *-------------------------------------------------------------------
    *题目:输入两个任意整数,求最大公约数,并显示输出最大公约数。
    *-------------------------------------------------------------------
    *注意:不可以增加或删除程序行,也不可以更改程序的结构。
    *-------------------------------------------------------------------
    SET TALK OFF
    INPUT "X=" TO X
    **********FOUND**********
    ACCEPT "Y=" TO Y
    IF X>Y
        M=X
        N=Y
    ELSE
        M=Y
        N=X
    **********FOUND**********
    ENDFOR
    A=MOD(M,N)
    **********FOUND**********
    DO WHILE A>=0
        M=N
        N=A
        A=M%N
    ENDDO
    ?N
    CANCEL
```

答案:

(1)

(2)

(3)

〖第 2 题〗

```
    *-------------------------------------------------------------------
    *题目:统计 RSH.DBF 中职称是教授、副教授、讲师和助教的人数。
```

```
*------------------------------------------------------------
*注意：不可以增加或删除程序行，也不可以更改程序的结构。
*------------------------------------------------------------
USE RSH
**********FOUND**********
STORE 1 TO A , B , C , D
DO WHILE .NOT.EOF ()
  DO CASE
      CASE 职称 = "教授"
          A = A + 1
      CASE 职称 = "副教授"
          B = B + 1
      CASE 职称 = "讲师"
          C = C + 1
      CASE 职称 = "助教"
          D = D + 1
  ENDCASE
**********FOUND**********
  NEXT 1
ENDDO
USE
? A,B,C,D
```

答案：

(1)

(2)

〖第 3 题〗

```
*------------------------------------------------------------
*题目：在 RSH.DBF 中，查找职工"赵红"的工资，如果工资小于 200 元，
*      则增加 100 元；如果工资大于等于 200 元且小于 500 元时，则增
*      加 50 元；否则增加 20 元。最后显示赵红的姓名和工资。
*------------------------------------------------------------
*注意：不可以增加或删除程序行，也不可以更改程序的结构。
*------------------------------------------------------------
CLEAR
USE RSH
**********FOUND**********
LOCATE FOR 姓名 =赵红
DO CASE
    CASE 工资< 200
        REPLACE 工资 WITH 工资+ 100
    CASE 工资< 500
        REPLACE 工资 WITH 工资+ 50
    OTHERWISE
        REPLACE 工资 WITH 工资+ 20
ENDCASE
```

```
**********FOUND**********
LIST   姓名,工资
USE
```

答案:
(1)
(2)

〖第 4 题〗

```
*------------------------------------------------------------
*题目: 求 2!+4!+6!+…+10!的和。
*------------------------------------------------------------
*注意: 不可以增加或删除程序行, 也不可以更改程序的结构。
*------------------------------------------------------------
SET TALK OFF
S=0
**********FOUND**********
T=0
FOR N=2 TO 10
**********FOUND**********
  T=T*(T-1)
  IF N%2=0
**********FOUND**********
    S=S+N
  ENDIF
ENDFOR
? S
```

答案:
(1)
(2)
(3)

六、程序设计题(每题 10 分, 共计 20 分)

〖第 1 题〗

```
*------------------------------------------------------------
*题目: 在屏幕上纵向输出"计算机等级考试"。
*      (要求用 Do While 语句实现)
*      并将第五行的字符输出到给定变量 Y 中
*      请按照题目要求, 在下面编写程序代码。
*------------------------------------------------------------
SET TALK OFF
SET LOGERRORS ON
Y=""
**********Program**********
```

```
********** End **********
DO YZJ5 WITH Y
CANCEL
```

〖第 2 题〗

```
*----------------------------------------------------------------
*题目：编程求自然数 345 各位数字的积。
*       (要求使用循环语句求解，使用 Do While 语句实现。)
*       将结果存入变量 OUT 中。
*       请按照题目要求，在下面编写程序代码。
*----------------------------------------------------------------
SET TALK ON
SET LOGERRORS ON
n=345
OUT=-1
**********Program**********



********** End **********

DO YZJ WITH OUT
SET LOGERRORS OFF
SET TALK OFF
```

七、窗体设计(本题 10 分)

```
----------------------------------------------------------------
    编辑状态(如图 1)
    运行状态(如图 2)
    制作如图所示表单。
----------------------------------------------------------------
```

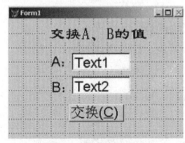
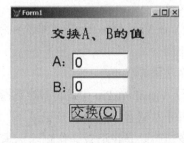

图 1　编辑状态图　　　　图 2　运行效果图

1．设置表单名称为 Form1，表单运行时不能最大化。

2．在窗体内添加 3 个 Label 控件，名称分别为 Label1、Label2、Label3。

添加 2 个 TextBox 控件，名称分别为 Text1、Text2。

添加 1 个 CommandButton 控件，名称为 Command1。

3．设置标签 Label1 的标题为"交换 A、B 的值"，字体为：隶书、20 号字。

设置标签 Label2 的标题为"A："，字体为宋体、18 号字。

设置标签 Label3 的标题为"B："，字体为宋体、18 号字。

Visual FoxPro 上机测试样卷 B

一、填空题(每题 1 分，共计 5 分)

〖第 1 题〗清除 Visual FoxPro 主窗口编辑区的内容，应执行【   】命令。

〖第 2 题〗数据库文件是由.dbc、.dct 和【   】这 3 个文件所构成的。

〖第 3 题〗可利用【   】函数测试当前记录号。

〖第 4 题〗数据表共有 10 条记录，当 BOF()为真时，记录号是【   】。

〖第 5 题〗一个数据表有 8 条记录，当 EOF()为真时，则当前记录号为【   】。

二、判断题(正确答 Y，错误答 N，每题 1 分，共计 5 分)

〖第 1 题〗不同数据记录的记录号可以是相同的。〖答案：【   】〗

〖第 2 题〗字段名可包含中文、英文字母、数字与下划线，而且第一个字母可以是数字或下划线。〖答案：【   】〗

〖第 3 题〗将指针指向表文件中第一条记录的命令可以用 GO TOP。〖答案：【   】〗

〖第 4 题〗SKIP 命令和 GO 命令完全相同。〖答案：【   】〗

〖第 5 题〗可以为一个表创建多个索引文件。〖答案：【   】〗

三、单项选择题(每题 1 分，共计 20 分)

〖第 1 题〗变量名中不能包括(   )。

  A．数字   B．字母

  C．汉字   D．空格

〖第 2 题〗在 Visual FoxPro 中，乘法和除法运算的优先级(   )。

  A．相同   B．乘法优先

  C．除法优先   D．不确定

〖第 3 题〗Visual FoxPro 中逻辑删除是指(   )。

  A．真正从磁盘上删除表及记录

  B．逻辑删除是在记录旁作删除标志，不可以恢复记录

C. 真正从表中删除记录

D. 逻辑删除只是在记录旁作删除标志，必要时可以恢复记录

〖第 4 题〗打开一个已有项目文件的命令是(　　)。

  A. OPEN PROJECT   B. MODIFY PROJECT

  C. USE PROJECT   D. EDIT PROJECT

〖第 5 题〗在 Visual FoxPro 中，程序文件的扩展名为(　　)。

  A. .prg   B. .qpr

  C. .scx   D. .sct

〖第 6 题〗在当前表中查找班级为 1 的多条记录，应输入命令(　　)。

  A. LOCATE FOR 班级="1"

  B. LOCATE FOR 班级="1" CONTINUE

  C. LOCATE FOR 班级="1" NEXT 1

  D. LIST FOR 班级="1"

〖第 7 题〗下列字段名中不合法的是(　　)。

  A. 姓名   B. 3 的倍数

  C. abs_7   D. UF1

〖第 8 题〗扩展名为.prg 的程序文件在"项目管理器"的(　　)选项卡中。

  A. 数据   B. 文档

  C. 代码   D. 其他

〖第 9 题〗如果把学生看成实体，某个学生的姓名叫"张三"，则张三应看成是(　　)。

  A. 记录型   B. 记录值

  C. 属性型   D. 属性值

〖第 10 题〗关系是指(　　)。

  A. 元组的集合   B. 属性的集合

  C. 字段的集合   D. 实例的集合

〖第 11 题〗下列表达式中结果为.F.的是(　　)。

  A. '王某'$'王'   B. '05/06/96'<'08/02/97'

  C. '王'$'王某'   D. '王某'>'王'

〖第 12 题〗一定属于绝对引用的关键字是(　　)。

  A. This   B. ThisForm

  C. ThisFormSet   D. Parent

〖第 13 题〗当前工资表中有 108 条记录，当前记录号为 8，用 SUM 命令计算工资总和时，若默认"范围"短语，则系统将(　　)。

  A. 只计算当前记录的工资值   B. 计算前 8 条记录的工资和

  C. 计算后 8 条记录的工资和   D. 计算全部记录的工资和

〖第 14 题〗下面为常量的数据是(　　)。

A. [ab]　　　　　　　　　　　B. x=3
C. T　　　　　　　　　　　　D. F

〖第 15 题〗哪一种索引文件会随着表的打开而自动打开，随着表的关闭而自动关闭？(   )
A. 结构复合索引文件　　　　　B. 独立复合索引
C. 单索引文件　　　　　　　　D. 以上都是

〖第 16 题〗字段"婚否"的值为逻辑型，字段"性别"为字符型，统计当前数据表中已婚男职工人数的命令是(   )。
A. COUNT　FOR　性别="男" .AND. 婚否
B. SUB　ALL　性别="男" .AND. 婚否
C. COUNT　　　性别="男" .AND. 婚否
D. COUNT　FOR　性别 .AND. 婚否

〖第 17 题〗报表文件的扩展名是(   )。
A. RPT　　　　　　　　　　　B. FRX
C. REP　　　　　　　　　　　D. RPX

〖第 18 题〗报表控件有(   )。
A. 标签　　　　　　　　　　　B. 预览
C. 数据源　　　　　　　　　　D. 布局

〖第 19 题〗描述控件文字的粗体、叙体、下划线、删除线样式的属性分别是(   )。
A. FontBold，FontItalic，FontUnderLine，FontStrikeThru
B. FontItalic，FontUnderLine，FontBold，FontStrikeThru
C. FontUnderLine，FontBold，FontItalic，FontStrikeThru
D. FontStrikeThru，FontBold，FontItalic，FontUnderLine

〖第 20 题〗ASC("AB")值为(   )。
A. 131　　　　　　　　　　　B. 0
C. 65　　　　　　　　　　　　D. 66

四、程序填空题(每题 5 分，共计 20 分)

〖第 1 题〗

```
*---------------------------------------------------------------
*题目：下面是计算1+3+5+…+99之和的程序。
*      请在【  】处添上适当的内容，使程序完整。
*---------------------------------------------------------------
SET TALK OFF
***********SPACE**********
【       】
***********SPACE**********
FOR I=1 TO 99 【       】
    S=S+I
ENDFOR
```

```
**********SPACE**********
?"结果=",【    】
RETURN
SET TALK ON
```

〖第 2 题〗

```
*------------------------------------------------------------------
*题目:找出 XSDB.DBF 中奖学金最高的学生记录并输出。
请在【  】处添上适当的内容,使程序完整。
*------------------------------------------------------------------
**********SPACE**********
【    】
MAX=0
**********SPACE**********
DO WHILE 【    】
   IF MAX<奖学金
**********SPACE**********
   【    】
   JLH=RECN()
   ENDIF
   SKIP
ENDDO
?MAX
DISP FOR RECN()=JLH
USE
```

〖第 3 题〗

```
*------------------------------------------------------------------
*题目：通过循环程序输出图形: *
*           1
*          321
*         54321
*        7654321
请在【  】处添上适当的内容,使程序完整。
*------------------------------------------------------------------
SET TALK OFF
FOR N=1 TO 4
**********SPACE**********
   【    】
**********SPACE**********
     FOR M=1 TO 【    】
        ?? " "
     ENDFOR
     FOR M=1 TO 2*N-1
**********SPACE**********
        ?? STR(【    】,1)
     ENDFOR
```

```
ENDFOR
SET TALK OFF
```

〖第 4 题〗

```
*--------------------------------------------------------------
*题目：根据表 xscj.dbf 完成下列操作：
*     1.显示全体同学的记录，2.显示全体男同学的记录，
*     3. 显示全体女同学的记录，0.退出。
请在【  】处添上适当的内容，使程序完整。
*--------------------------------------------------------------
SET TALK OFF
CLEAR
***********SPACE**********
【          】
DO WHILE .T.
   @10,10 SAY "1. 显示全体同学的记录，2.显示全体男同学的记录"
   @14,10 SAY "3. 显示全体女同学的记录，0.退出"
   @ 16,16 SAY "         "
   WAIT  "请输入选择(0-3)：" TO x
   DO CASE
      CASE X="1"
         LIST
      CASE X="2"
         LIST ALL FOR 性别="男"
      CASE X="3"
         LIST ALL FOR 性别="女"
      CASE X="0"
***********SPACE**********
         【          】
   ENDCASE
***********SPACE**********
【          】
USE
RETURN
```

五、程序改错题(每题 5 分，共计 20 分)

〖第 1 题〗

```
*--------------------------------------------------------------
*题目：从键盘上输入 5 个数，统计其中奇数的个数。
*--------------------------------------------------------------
*注意：不可以增加或删除程序行，也不可以更改程序的结构。
*--------------------------------------------------------------
SET TALK OFF
A=0
FOR J=1 TO 5
**********FOUND**********
```

```
              ACCEPT "请输入第"+STR(J,2)+ "数" TO M
**********FOUND**********
         IF INT(M/2)=M/2
              A=A+1
         ENDIF
ENDFOR
**********FOUND**********
?奇数个数是,A
CANCEL
```

答案:
  (1)
  (2)
  (3)

〖第 2 题〗

```
*------------------------------------------------------------
*题目：计算出 1~30 以内(包含 30)能被 5 整除的数之和。
*------------------------------------------------------------
*注意：不可以增加或删除程序行，也不可以更改程序的结构。
*------------------------------------------------------------
CLEAR
SET TALK OFF
X=0
**********FOUND**********
Y=1
DO WHILE .T.
   X=X+1
 DO CASE
   CASE MOD(X,5)=0
     Y=Y+X
   CASE X<=30
**********FOUND**********
     EXIT
   CASE x>30
**********FOUND**********
     LOOP
   ENDCASE
ENDDO
?Y
SET TALK ON
```

答案:
  (1)
  (2)
  (3)

〖第 3 题〗

```
*------------------------------------------------------------
*题目：表 XSDA.DBF 结构为：学号(C, 6)，姓名(C, 6),
*       性别(C, 2)，入学成绩(N, 6, 2)。本程序复制表
*       XSDA 的记录到表 XS1 中，在表 XS1 中查找入学成绩 550 分
*       以上的同学，将其删除并浏览 XS1 的内容。
*------------------------------------------------------------
*注意：不可以增加或删除程序行，也不可以更改程序的结构。
*------------------------------------------------------------
SET TALK OFF
USE XSDA
**********FOUND**********
COPY STRUCTURE TO XSDA
USE XS1
**********FOUND**********
LOCATE ALL 入学成绩>=550
DO WHILE FOUND()
       DELETE
**********FOUND**********
   LOOP
ENDDO
PACK
BROW
USE
SET TALK ON
```

答案：
(1)
(2)
(3)

〖第 4 题〗

```
*------------------------------------------------------------
*题目：键盘输入 X 值时，求其相应的 Y 值

*           ┌ -1  (X<0)
*           │
*       Y= ├  0  (X=0)
*           │
*           └  1  (X>0)
*------------------------------------------------------------
*注意：不可以增加或删除程序行，也不可以更改程序的结构。
*------------------------------------------------------------
SET TALK OFF
**********FOUND**********
ACCEPT "请输入一个数: " TO X
```

```
**********FOUND**********
DO WHILE
  CASE X<0
    Y=-1
  CASE X=0
    Y=0
**********FOUND**********
  DEFAULT  X>0
    Y=1
ENDCASE
? Y
SET TALK OFF
```

答案：

(1)

(2)

(3)

六、程序设计题(每题 10 分，共计 20 分)

〖第 1 题〗

```
*------------------------------------------------------------
*题目：编程找出一批正整数中的最小的奇数。
*      将结果存入变量 OUT 中。
*      请按照题目要求，在下面编写程序代码。
*------------------------------------------------------------
SET TALK ON
SET LOGERRORS ON
dime array(10)
array(1)=1
array(2)=3
array(3)=6
array(4)=96
array(5)=4
array(6)=23
array(7)=35
array(8)=67
array(9)=12
array(10)=88
OUT=-1
**********Program**********




********** End **********
```

```
DO YZJ WITH OUT
SET LOGERRORS OFF
SET TALK OFF
```

〖第 2 题〗

```
*-----------------------------------------------------------------
*题目：编程求一组数中大于平均值的数的个数。
*      例如：给定的一组数为1,1,1,1,1,2,2,2,2,2时，结果值为5。
*      将结果存入变量 OUT 中。
*      请按照题目要求，在下面编写程序代码。
*-----------------------------------------------------------------
SET TALK ON
SET LOGERRORS ON
dime array(10)
array(1)=1
array(2)=3
array(3)=6
array(4)=9
array(5)=4
array(6)=23
array(7)=35
array(8)=67
array(9)=12
array(10)=88
OUT=-1
**********Program**********



********** End **********

DO YZJ WITH OUT
SET LOGERRORS OFF
SET TALK OFF
```

七、窗体设计(本题 10 分)

编辑状态(如图 1)
运行状态(如图 2)
制作如图所示表单。

图1 编辑状态图　　图2 运行效果图

1. 设置表单名称为Form1。
2. 在窗体内添加4个Label控件，名称分别为Label1、Label2、Label3、Label4。
添加3个TextBox控件，名称分别为Text1、Text2、Text3。
添加1个CommandButton控件，名称为Command1。
3. 设置Label1的标签标题为"最高分学生信息"，字体为：黑体、14号字。
设置Label2的标签标题为"学生姓名："，字体为：宋体、12号字。
设置Label3的标签标题为"总分："，字体为：宋体、12号字。
设置Label4的标签标题为"所在院系："，字体为：宋体、12号字。

Visual FoxPro 上机测试样卷 C

一、填空题(每题1分，共计5分)

〖第1题〗在命令窗口中输入【　　】命令后按Enter键，可退出Visual FoxPro。

〖第2题〗已知当前表中有15条记录，当前记录为第12条记录，执行SKIP -2命令后当前记录变为第【　　】条记录。

〖第3题〗以分屏输出方式显示表结构的命令是【　　】。

〖第4题〗VFP系统中，终止事件循环的命令是【　　】。

〖第5题〗在 DO WHILE…ENDDO 循环结构中，用于跳出本次循环任务，使重新判断进入下一轮循环的命令是【　　】。

二、判断题(正确答Y，错误答N，每题1分，共计5分)

〖第1题〗在Visual FoxPro中，可以同时打开多个数据库，而且在同一时间内，可以有多个数据库是"当前数据库"。〖答案：【　　】〗

〖第2题〗在命令窗口中执行QUIT命令不能关闭Visual FoxPro。〖答案：【　　】〗

〖第3题〗自由表的字段名最长为10个字符。〖答案：【　　】〗

〖第4题〗数据库文件的扩展名是.dbf。〖答案：【　　】〗

〖第5题〗表设计器所创建的索引一定会存储在结构复合索引文件中。〖答案：【   】〗

三、单项选择题(每题1分，共计20分)

〖第1题〗数据库系统的构成为：数据库、计算机硬件系统、用户和(   )。
    A. 操作系统　　　　　　　　　B. 文件系统
    C. 数据集合　　　　　　　　　D. 数据库管理系统

〖第2题〗下面关于逻辑值为真的表达式，正确的是(   )。
    A. .F.,.f.,.N.,.n　　　　　　　B. .T.,.t.,.Y.,.y
    C. .F.,.f.,.Y.,.y.　　　　　　 D. .T.,.t.,.N.,.n.

〖第3题〗要清除内存中所有的变量，可以使用命令(   )。
    A. clear all　　　　　　　　　B. clear
    C. delete all　　　　　　　　 D. erase all

〖第4题〗下列符号中(   )不能作为Visual FoxPro中的变量名。
    A. abc　　　　　　　　　　　B. XYZ
    C. 5you　　　　　　　　　　　D. goodluck

〖第5题〗下列常量中，只占用内存空间1个字节的是(   )。
    A. 数值型常量　　　　　　　　B. 字符型常量
    C. 日期型常量　　　　　　　　D. 逻辑型常量

〖第6题〗在Visual FoxPro中，打开一个数据库文件的命令是(   )。
    A. CREA DATA<数据库名>　　　B. OPEN DATA<数据库名>
    C. CREA<数据库名>　　　　　　D. OPEN<数据库名>

〖第7题〗在Visual FoxPro中，逻辑运算符有(   )。
    A. .NOT.(逻辑非)　　　　　　　B. .AND.(逻辑与)
    C. .OR.(逻辑或)　　　　　　　　D. A. B. C

〖第8题〗一定属于绝对引用的关键字是(   )。
    A. This　　　　　　　　　　　B. ThisForm
    C. ThisFormSet　　　　　　　 D. Parent

〖第9题〗Visual FoxPro中，删除全部索引的命令是(   )。
    A. SEEK ALL　　　　　　　　B. DELETE TAG TAGNAME
    C. DELETE TAG ALL　　　　　 D. SET ORDER

〖第10题〗当前工作区是指(   )。
    A. 最后执行SELECT命令所选择的工作区
    B. 最后执行USE命令所在的工作区
    C. 最后执行REPLACE命令所在的工作区
    D. 建立数据表时所在的工作区

〖第11题〗ROUND(-8.8, 0)的函数值为(   )。
    A. 8　　　　　　　　　　　　B. -8
    C. 9　　　　　　　　　　　　D. -9

〖第 12 题〗当用户单击命令按钮时将触发事件(　　)。
　　A. Click　　　　　　　　　　B. Load
　　C. Init　　　　　　　　　　　D. Error

〖第 13 题〗在 Visual FoxPro 中，数据库表字段名最长为(　　)个字符。
　　A. 10　　　　　　　　　　　B. 128
　　C. 130　　　　　　　　　　　D. 156

〖第 14 题〗如果把学生看成实体，某个学生的姓名叫"张三"，则张三应看成是(　　)。
　　A. 记录型　　　　　　　　　　B. 记录值
　　C. 属性型　　　　　　　　　　D. 属性值

〖第 15 题〗AT("XY","AXYBXYC")的值为(　　)。
　　A. 0　　　　　　　　　　　　B. 2
　　C. 5　　　　　　　　　　　　D. 7

〖第 16 题〗建立表单的命令是(　　)。
　　A. CREATE FORM　　　　　　B. START FORM
　　C. NEW FORM　　　　　　　　D. BEGIN FORM

〖第 17 题〗下列字段名中不合法的是(　　)。
　　A. 计算机　　　　　　　　　　B. 5 倍数
　　C. abc_2　　　　　　　　　　D. student

〖第 18 题〗在概念模型中，一个实体集合对应于关系模型中的一个(　　)。
　　A. 元组　　　　　　　　　　　B. 字段
　　C. 关系　　　　　　　　　　　D. 属性

〖第 19 题〗设 D1 和 D2 为日期型数据，M 为整数，不能进行的运算是(　　)。
　　A. D1+D2　　　　　　　　　　B. D1-D2
　　C. D1+M　　　　　　　　　　　D. D2-M

〖第 20 题〗保存程序的快捷键为(　　)。
　　A. Ctrl+W　　　　　　　　　　B. Shift+W
　　C. Ctrl+S　　　　　　　　　　D. Shift+S

四、程序填空题(每题 5 分，共计 20 分)

〖第 1 题〗

```
*------------------------------------------------
*题目：以下程序的功能为：计算 T=2^0+2^1+2^2+2^3+…+2^N。
请在【　】处添上适当的内容，使程序完整。
*------------------------------------------------
SET TALK OFF
**********SPACE**********
【        】
**********SPACE**********
【        】TO N
```

```
    FOR I=0 TO N
    ***********SPACE**********
        T=T+【      】
    ENDFOR
    ?"T 的值是:",T
    SET TALK ON
    RETURN
```

〖第 2 题〗

```
*-----------------------------------------------------------------
*题目：从键盘上输入一个表的文件名，查找"姓名"为"刘洪"的记录。
*      如果有该记录，则将该表结构及"姓名"为"刘洪"的记录一
*      起复制成一个新表(表名为"A1")；否则，仅复制表结构。
*      (设，表中有固定字段"姓名")。
请在【 】处添上适当的内容，使程序完整。
*-----------------------------------------------------------------
SET TALK OFF
ACCEPT TO A
USE &A
***********SPACE**********
【          】 FOR 姓名="刘洪"
IF NOT EOF(    )
***********SPACE**********
    【          】 TO A1 FOR 姓名="刘洪"
ELSE
***********SPACE**********
    【                】TO  A1
ENDIF
USE
SET TALK ON
```

〖第 3 题〗

```
*-----------------------------------------------------------------
*题目:求 1~50 的累加和(S=1+2+3+…+50)并显示。
请在【 】处添上适当的内容，使程序完整。
*-----------------------------------------------------------------
***********SPACE**********
【          】
I=1
***********SPACE**********
DO  WHILE 【          】
      H=H+I
***********SPACE**********
        【          】
ENDDO
```

```
? H
RETURN
```

〖第4题〗

```
*-------------------------------------------------------------
*题目:求 0~100 之间的偶数之和,超出范围则退出。
请在【 】处添上适当的内容,使程序完整。
*-------------------------------------------------------------
Clea
**********Space**********
Stor 0 To 【        】
**********Space**********
Do While 【        】
    I=I+1
    If Mod(I,2)=0
**********Space**********
        【        】
    Endif
Enddo
?S
```

五、程序改错题(每题 5 分,共计 20 分)

〖第1题〗

```
*-------------------------------------------------------------
*题目:从键盘上输入一串汉字,将它逆向输出,并在每个汉字中间加一个"*"号。
*       例如:输入"计算机考试",应输出"试*考*机*算*计"
*-------------------------------------------------------------
*注意:不可以增加或删除程序行,也不可以更改程序的结构。
*-------------------------------------------------------------
SET TALK OFF
ACCEPT TO A
*********FOUND*********
DO N=2 TO LEN(A)
*********FOUND*********
         ?? SUBSTR(A,LEN(A)-N,2)
         IF N#LEN(A)
*********FOUND*********
              ? "*"
         ENDIF
ENDFOR
SET TALK ON
```

答案:

(1)

(2)

(3)

〖第 2 题〗

```
*------------------------------------------------
*题目：本程序计算1!×3!×9!的乘积。
*------------------------------------------------
*注意：不可以增加或删除程序行，也不可以更改程序的结构。
*------------------------------------------------
SET TALK OFF
M=1
**********FOUND**********
S=0
DO WHILE M<=9
 I=1
 P=1
**********FOUND**********
 DO WHILE M<=9
  P=P*I
  I=I+1
 ENDDO
 S=S*P
**********FOUND**********
 M=M+3
ENDDO
? "1!×3!×9!=",S
SET TALK ON
RETURN
```

答案：
  (1)
  (2)
  (3)

〖第 3 题〗

```
*------------------------------------------------
*题目：程序输入两个任意整数，求最小公倍数，并显示输出。
*------------------------------------------------
*注意：不可以增加或删除程序行，也不可以更改程序的结构。
*------------------------------------------------
SET TALK OFF
INPUT " X=" TO X
INPUT " Y=" TO Y
MAX=X
IF Y>X
   MAX=Y
**********FOUND**********
```

```
ENDFOR
A=MAX
DO WHILE A<=X*Y
    IF INT(A/X)=A/X AND INT(A/Y)=A/Y
**********FOUND**********
        LOOP
    ENDIF
    A=A+MAX
ENDDO
**********FOUND**********
? " 最小公倍数为", X
CANCEL
```

答案：

(1)

(2)

(3)

〖第 4 题〗

```
*------------------------------------------------------------
*题目：打开表 XSDB.DBF，查找计算机和英语的平均成绩最高的学生，
*      并显示姓名和计算机、英语成绩。
*------------------------------------------------------------
*注意：不可以增加或删除程序行，也不可以更改程序的结构。
*------------------------------------------------------------
USE XSDB
JSJ=计算机
YY=英语
XM=姓名
PJ=(JSJ+YY)/2
DO WHILE .NOT.EOF()
**********FOUND**********
X=计算机+英语
**********FOUND**********
IF PJ>X
JSJ=计算机
YY=英语
XM=姓名
ENDIF
SKIP
ENDDO
?XM,JSJ,YY
```

答案：

(1)

(2)

六、程序设计题(每题 10 分，共计 20 分)

〖第 1 题〗

```
*------------------------------------------------------------
*题目：编程求 sum=3+33+333+3333+33333 的值。
*      要求使用 for...endfor 语句来完成。
*      将结果存入变量 OUT 中。
*      请按照题目要求，在下面编写程序代码。
*------------------------------------------------------------
SET TALK ON
SET LOGERRORS ON
OUT=-1
**********Program**********




********** End **********

DO YZJ WITH OUT
SET LOGERRORS OFF
SET TALK OFF
```

〖第 2 题〗

```
*------------------------------------------------------------
*题目：利用循环程序输出图形：
*              4
*             333
*            22222
*           1111111
*      并将最后一行存入变量 S 中
*      请按照题目要求，在下面编写程序代码。
*------------------------------------------------------------
SET TALK OFF
SET LOGERRORS ON
S=""
**********Program**********




********** End **********
```

```
DO YZJ15 WITH S
SET TALK ON
```

七、窗体设计(本题 10 分)

```
编辑状态(如图 1)
运行状态(如图 2)
制作如图所示表单。
```

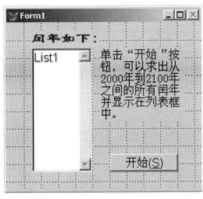

图 1　编辑状态图　　　　图 2　运行效果图

1．设置表单名称为 Form1。

2．在窗体内添加 2 个 Label 控件，名称分别为 Label1、Label2。

添加 1 个 CommandButton 控件，名称为 Command1。

添加 1 个 ListBox 控件，名称为 List1。

3．设置 Label1 的标题为："单击'开始'按钮，可以求出从 2000 年到 2100 年之间的所有闰年并显示在列表框中。"，字体为宋体、12 号字。

4．设置 Label2 的标题为"闰年如下:"，字体为：隶书加粗、14 号字。

Visual FoxPro 上机测试样卷 A 答案

一、填空题(每题 1 分，共计 5 分)

〖第 1 题〗128　〖第 2 题〗SELECT 0　〖第 3 题〗.dcx

〖第 4 题〗LOOP〖第 5 题〗候选

二、判断题(正确答 Y，错误答 N，每题 1 分，共计 5 分)

〖第 1 题〗Y〖第 2 题〗Y〖第 3 题〗N〖第 4 题〗Y〖第 5 题〗N

三、单项选择题(每题 1 分，共计 20 分)

〖第 1 题〗A 〖第 2 题〗A 〖第 3 题〗C 〖第 4 题〗D 〖第 5 题〗A
〖第 6 题〗A 〖第 7 题〗C 〖第 8 题〗D 〖第 9 题〗A 〖第 10 题〗C
〖第 11 题〗C 〖第 12 题〗C 〖第 13 题〗B 〖第 14 题〗B 〖第 15 题〗D
〖第 16 题〗D 〖第 17 题〗C 〖第 18 题〗B 〖第 19 题〗C 〖第 20 题〗B

四、程序填空题(每题 5 分，共计 20 分)

〖第 1 题〗

    (1) LOCATE 或 LOCA 或 LOCATE ALL

    (2) EOF()

    (3) ENDCASE 或 ENDC

〖第 2 题〗

    (1) 0 或 2+(N-1)*4 或 2+4*(N-1)或(N-1)*4+2 或 4*(N-1)+2

    (2) 18 或 4*(N-5)或(N-5)*4

    (3) 5-N 或-N+5

〖第 3 题〗

    (1) I=1 或 STOR 1 TO I

    (2) X<M 或 M>X 或 X<=M 或 M>=X

    (3) I=I+1 或 I=1+I 或 STOR I + 1 TO I

〖第 4 题〗

    (1) USE XSDB 或 USE XSDB.DBF

    (2) Locate for 或 locate All for

    (3) display 或?或 display off 或 disp

五、程序改错题(每题 5 分，共计 20 分)

〖第 1 题〗

    (1) INPUT "Y=" TO Y 或 INPU "Y=" TO Y 或 INPUT [Y=] TO Y 或 INPUT 'Y=' TO Y 或 INPU 'Y=' TO Y 或 INPU [Y=] TO Y

    (2) ENDIF 或 ENDI

    (3) DO WHILE A > 0 或 DO WHILE 0 < A 或 DO WHIL A>0 或 DO WHILE 0<A 或 DO WHILE A != 0 或 DO WHILE A#0 或 DO WHILE A<>0

〖第 2 题〗

    (1) STORE 0 TO A,B,C,D

    (2) SKIP 或 SKIP 1

〖第 3 题〗

    (1) LOCATE FOR 姓名="赵红"或 LOCA FOR 姓名='赵红'或 LOCA FOR 姓名="赵红"或 LOCATE FOR 姓名=[赵红]或 LOCA FOR 姓名=[赵红]或 LOCATE FOR 姓名='赵红'

(2) DISP 姓名,工资 或?姓名,工资 或 DISPLAY 姓名,工资

〖第 4 题〗

(1) T=1

(2) T= T * N 或 T= N * T

(3) S= S + T 或 S= T + S

六、程序设计题(每题 10 分，共计 20 分)

〖第 1 题〗

```
------------------------------
S="计算机等级考试"
I=1
DO WHILE I<14
?"SUBS(S,I,2)
IF I=9
Y=SUBS(S,I,2)
ENDIF
I=I+2
ENDDO
------------------------------
```

〖第 2 题〗

```
------------------------------
s=1
do while n>0
    d=n%10
    s=s*d
    n=int(n/10)
enddo
out=s
? out
------------------------------
```

七、窗体设计(本题 10 分)

(略。)

Visual FoxPro 上机测试样卷 B 答案

一、填空题(每题 1 分，共计 5 分)

〖第 1 题〗CLEAR   〖第 2 题〗.dcx   〖第 3 题〗RECNO

〖第 4 题〗1   〖第 5 题〗9

二、判断题(正确答 Y，错误答 N，每题 1 分，共计 5 分)

〖第 1 题〗N 〖第 2 题〗N 〖第 3 题〗Y 〖第 4 题〗N 〖第 5 题〗Y

三、单项选择题(每题 1 分，共计 20 分)

〖第 1 题〗D 　〖第 2 题〗A 　〖第 3 题〗D 　〖第 4 题〗B 　〖第 5 题〗A
〖第 6 题〗B 　〖第 7 题〗B 　〖第 8 题〗C 　〖第 9 题〗D 　〖第 10 题〗A
〖第 11 题〗A 　〖第 12 题〗C 　〖第 13 题〗D 　〖第 14 题〗A 　〖第 15 题〗A
〖第 16 题〗A 　〖第 17 题〗B 　〖第 18 题〗A 　〖第 19 题〗A 　〖第 20 题〗C

四、程序填空题(每题 5 分，共计 20 分)

〖第 1 题〗

　　(1) S=0 或 Store 0 To S

　　(2) STEP 2

　　(3) S 或 STR(S)或 STR(S,4)或 STR (S)

〖第 2 题〗

　　(1) USE XSDB 或 USE XSDB.DBF

　　(2) !EOF()或.NOT. EOF()或 NOT EOF()或 EOF() <> .T.

　　(3) STOR 奖学金 TO MAX 或 MAX=奖学金

〖第 3 题〗

　　(1) ?

　　(2) 8-N*2 或 8-2*N

　　(3) 2*N- M 或 N*2- M

〖第 4 题〗

　　(1) USE XSCJ

　　(2) EXIT 或 QUIT

　　(3) ENDDO 或 ENDD

五、程序改错题(每题 5 分，共计 20 分)

〖第 1 题〗

　　(1) INPUT "请输入第"+STR(J,2)+ "数" TO M 或 INPU "请输入第"+STR(J,2)+"数" TO M 或 INPUT '请输入第'+STR(J,2)+ '数' TO M 或 INPUT [请输入第]+STR(J,2)+ [数] TO M 或 INPU '请输入第'+STR(J,2)+ '数' TO M 或 INPU [请输入第]+STR(J,2)+ [数] TO M

　　(2) IF INT(M/2) # M/2 或 IF INT(M/2) != M/2 或 IF INT(M/2) <> M/2 或 IF i%2=1 或 IF mod(i,2)=1

　　(3) ? "奇数个数是",A 或 ? '奇数个数是',str(A)或? "奇数个数是",str(A)或 ? '奇数个数是',A 或? [奇数个数是],A 或? [奇数个数是],str(A)

〖第 2 题〗

(1) Y=0 或 STORE 0 TO Y

(2) LOOP

(3) EXIT 或 Quit

〖第 3 题〗

(1) COPY TO XS1

(2) LOCATE ALL FOR 入学成绩>=550 或 LOCATE ALL FOR 550 <=入学成绩或
LOCATE FOR 入学成绩>=550 或 LOCATE FOR 550 <=入学成绩

(3) CONTINUE 或 CONT

〖第 4 题〗

(1) INPUT

(2) DO CASE

(3) OTHERWISE 或 CASE X>0

六、程序设计题(每题 10 分, 共计 20 分)

〖第 1 题〗

```
---------------------
min=array(1)
for i=1 to 10
 if array(i)%2<>0
    if min>array(i)
       min=array(i)
     endif
 endif
endf
out=min
? out
---------------------
```

〖第 2 题〗

```
---------------------
s=0
for i=1 to 10
s=s+array(i)
endf
s=s/10
n=0
for j=1 to 10
if array(j)>s
n=n+1
endif
endf
out=n
```

```
? out
----------------------
```

七、窗体设计(本题 10 分)

(略。)

Visual FoxPro 上机测试样卷 C 答案

一、填空题(每题 1 分，共计 5 分)

〖第 1 题〗QUIT 〖第 2 题〗10 或十 〖第 3 题〗DISPLAY STRUCTURE
〖第 4 题〗EXIT 〖第 5 题〗LOOP

二、判断题(正确答 Y，错误答 N，每题 1 分，共计 5 分)

〖第 1 题〗N 〖第 2 题〗N 〖第 3 题〗Y 〖第 4 题〗N 〖第 5 题〗Y

三、单项选择题(每题 1 分，共计 20 分)

〖第 1 题〗D 〖第 2 题〗B 〖第 3 题〗A 〖第 4 题〗C 〖第 5 题〗D
〖第 6 题〗B 〖第 7 题〗D 〖第 8 题〗C 〖第 9 题〗C 〖第 10 题〗A
〖第 11 题〗D 〖第 12 题〗A 〖第 13 题〗B 〖第 14 题〗D 〖第 15 题〗B
〖第 16 题〗A 〖第 17 题〗B 〖第 18 题〗C 〖第 19 题〗A 〖第 20 题〗C

四、程序填空题(每题 5 分，共计 20 分)

〖第 1 题〗
 (1) T=0 或 STOR 0 TO T
 (2) INPUT 或 INPU
 (3) 2**I 或 2^i

〖第 2 题〗
 (1) LOCATE 或 LOCA
 (2) COPY
 (3) COPY STRUCTURE

〖第 3 题〗
 (1) H=0 或 STOR 0 TO H
 (2) I<= 50 或 51>= I 或 50>= I 或 I< 51
 (3) I= I+1 或 I= 1+I 或 STOR I + 1 TO I 或 STORE I + 1 TO I

〖第 4 题〗

    (1) I ,S 或 S,I

    (2) I< 100 或 100 >I 或 I<= 99 或 99 >=I

    (3) S= S+I 或 S= I+S 或 STOR S + I TO S

五、程序改错题(每题 5 分，共计 20 分)

〖第 1 题〗

    (1) FOR N=2 TO LEN(A) STEP 2

    (2) -N+1 或+1-N

    (3) ?? "*"或?? '*'或?? [*]

〖第 2 题〗

    (1) S=1

    (2) DO WHILE I<=M 或 DO WHILE M>=I

    (3) M= M * 3

〖第 3 题〗

    (1) ENDIF 或 ENDI

    (2) EXIT

    (3) ? "最小公倍数为", A 或 STR(A)或? '最小公倍数为', A 或? [最小公倍数为],A

〖第 4 题〗

    (1) X=(计算机+英语)/2 或 X=(英语+计算机)/2

    (2) IF X>PJ 或 IF PJ < X

六、程序设计题(每题 10 分，共计 20 分)

〖第 1 题〗

```
--------------------
s=0
t=0
d=3
  for i=1  to 5
     t=t+d
     s=s+t
     d=d*10
  endf
out=s
?  out
--------------------
```

〖第 2 题〗

```
--------------------
FOR N=1 TO 4
 ? SPACE(4-N)
```

```
    FOR M=1 TO 2*N-1
     ?? STR(4-N+1,1)
    ENDFOR
ENDFOR
S="1111111"
----------------------
```

七、窗体设计(本题 10 分)

(略。)